气象仪器分析实验指导

严家德 编著

气象出版社
China Meteorological Press

内 容 简 介

全书用18个实验,介绍了气象仪器分析实习中涉及的地面自动气象观测相关设备和传感器的硬件结构、工作原理、常见故障排查以及日常维护方法等。为促进学生气象观测技能和设备保障能力的提高,每个实验均有明确的实验目的、实验内容和实验作业,全程指导学生的实验全过程,以加深学生对大气探测学相关理论和实验技能的理解和掌握。

本书可供大气科学类相关专业本科生作为教学实习和自学教材,也可供气象、农业、水文等相关部门的技术和管理人员参考。

图书在版编目（CIP）数据

气象仪器分析实验指导 / 严家德编著. -- 北京 : 气象出版社，2021.6
ISBN 978-7-5029-7430-5

Ⅰ．①气… Ⅱ．①严… Ⅲ．①气象仪器－仪器分析－实验－教材 Ⅳ．①TH765-33

中国版本图书馆CIP数据核字(2021)第081393号

气象仪器分析实验指导
QIXIANG YIQI FENXI SHIYAN ZHIDAO

出版发行 : 气象出版社				
地　　址 : 北京市海淀区中关村南大街 46 号		**邮政编码** : 100081		
电　　话 : 010-68407112(总编室)　010-68408042(发行部)				
网　　址 : http://www.qxcbs.com		**E - m a i l** : qxcbs@cma.gov.cn		
责任编辑 : 隋珂珂		**终　　审** : 吴晓鹏		
责任校对 : 张硕杰		**责任技编** : 赵相宁		
封面设计 : 地大彩印设计中心				
印　　刷 : 三河市百盛印装有限公司				
开　　本 : 720 mm×960 mm　1/16		**印　　张** : 7.75		
字　　数 : 200 千字				
版　　次 : 2021 年 6 月第 1 版		**印　　次** : 2021 年 6 月第 1 次印刷		
定　　价 : 28.00 元				

前　　言

气象仪器分析实验是大气探测学专业课程的重要补充,学生通过对气象仪器结构和原理、故障的排查和检修、日常维护方法和要求等内容的学习与实践,达到夯实理论知识、增强动手能力、提高综合素质的教学目的。

随着大气探测技术的快速发展,中国气象局对地面气象观测业务进行了多次改革,对自动气象站和辐射观测系统进行了升级,并新增了观测设备集成化程度更高的综合集成硬件控制器,从而促进气象业务的探测手段、探测技术以及探测内容巨大进步。

根据实践教学的具体要求,本教材以中国气象局气象探测中心编著的《新型自动气象站使用手册》为技术基础,设计了 18 个实验,涉及地面自动气象观测相关设备和传感器的硬件结构、工作原理、常见故障排查以及日常维护方法等内容,力求提高学生的设备保障能力,以更好地适应中国气象局地面气象观测业务的技术改革,更好地服务于中国气象探测事业的快速发展。

本教材由"南京信息工程大学教材建设基金"和"南京信息工程大学大气与环境实验教学中心"共同资助出版,在此一并表示感谢。

由于编者水平有限,加之时间仓促,书中难免有疏漏之处,恳请广大专家和读者提出宝贵意见和修改建议。

编者

2021 年 2 月

目　　录

实验 1　新型自动气象站

1.1　实验目的

(1)了解自动气象站的硬件配置；

(2)掌握自动气象站的主要部件与功能；

(3)学会自动气象站常见故障的检测与维修方法；

(4)学会自动气象站的日常维护方法。

1.2　实验内容

新型自动气象站是地面气象观测系统的重要组成部分。我国地面自动观测业务系统在用的自动气象站,包括 DZZ3 型、DZZ4 型、DZZ5 型、DZZ6 型、DZZ1.2 型五种型号,分别为上海长望气象科技股份有限公司、江苏省无线电科学研究所有限公司、华云升达(北京)气象科技有限责任公司、中环天仪(天津)气象仪器有限公司、广东省气象计算机应用开发研究所等单位生产。本实验主要讲解 DZZ4 型自动气象站的采集系统、通信系统、供电系统、检测维修。

1.2.1　硬件配置

DZZ4 型自动气象站由江苏省无线电科学研究所有限公司研制。其配置见表 1.1。

表 1.1　DZZ4 型自动气象站配置表

部件分类	部件名称	部件型号
传感器	气温传感器	WUSH-TW100
	湿度传感器	DHC2
	风速传感器	ZQZ-TFS
	风向传感器	ZQZ-TFX
	气压传感器	DYC1
	雨量传感器	SL3-1

部件分类	部件名称	部件型号
传感器	蒸发传感器	WUSH-TV2
	地温传感器	ZQZ-TW
	称重式降水传感器	DSC1
	能见度传感器	DNQ1/DNQ2/DNQ3
	雪深传感器	DSS1
采集设备	主采集器机箱	DZZ4
	地温分采集器机箱	DZZ4 地温
	主采集器	WUSH-BH
	温湿度分采集器	WUSH-BTH
	地温分采集器	WUSH-BG2
通信设备	光纤通信盒	WUSH-PBF
	网络通信盒	ZQZ-PT2
	综合集成硬件控制器	DPZ1
	综合集成硬件控制器机箱	ZQZ-PT1
电源设备	电源箱	DZZ4.PD

1.2.2 采集设备

(1)数据采集器

① WUSH-BH 主采集器

WUSH-BH 主采集器可挂接气象要素传感器和分采集器。其技术性能指标见表 1.2,外观及接口布置见图 1.1。

表 1.2 主采集器技术性能指标

MCU 特性	处理器	32 位 ARM9 系列 ATMEL AT91SAM9263,200M 主频
	处理器主频	最高 200 M
测量性能	A/D 转换精度	24 位
	模拟量输入	16 个差动电压输入通道 可测电压、电阻、电流等模拟量
	电压信号放大倍数	1~128 倍(可设置)
	模拟电压分辨率	0.28 μV
	频率输入	3 个 16 位计数/频率/开关输入
	数字量输入	8 位数字量通道

续表

时钟性能	实时时钟	误差小于 15 s/月
传感器接口	气温（预留）	1 个模拟通道，用于测量铂电阻值
	湿度（预留）	1 个模拟通道，用于测量电压值
	辐射（预留）	1 个模拟通道，用于测量电压值
	蒸发	1 个模拟通道，接入 ZQZ-TV2 型蒸发传感器
	气压	1 个 RS232 接口，接入 DYC1 型气压传感器
	风向	7 位数字通道，接入 ZQZ-TFX 型风向传感器
	风速	1 个计数通道，接入 ZQZ-TFS 型风速传感器
	翻斗雨量	1 个计数通道，接入 SL3.1 型翻斗雨量传感器
	能见度	1 个 RS485 接口，接入能见度传感器
	称重降水	1 个 RS485 接口，接入 DSC1 型称重式降水传感器
	雪深	1 个 RS232 接口，接入 DSS1 型雪深传感器
	门开关	1 个数字通道
通信接口	RS-232	4 个
	RS-485	2 个
	CAN	1 个
	RJ45	1 个
	USB-HOST	2 个
	USB-DEV	1 个
其他接口	指示灯	系统指示灯 CF 卡指示灯
	编程接口	2 个
	外存储器接口	1 个 CF 卡接口
	电源输出	4 个
电气性能	供电电压	DC12 V
	功耗	约 1.2 W
环境适应性	工作温度范围	−50～+80 ℃
监测功能	主板温度测量	具备
	主板电压测量	具备
	交流供电检测	具备
	机箱门状态检测	具备
物理参数	尺寸	208 mm×105 mm×44 mm
	重量	1000 g

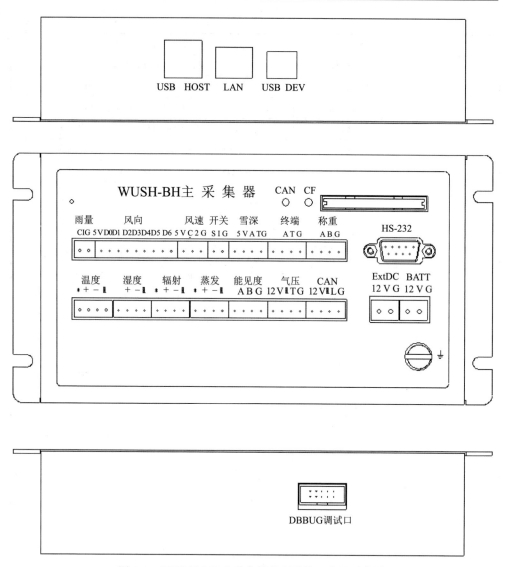

图 1.1　WUSH-BH 主采集器外观及接口布置示意图

② WUSH-BTH 温湿度分采集器

WUSH-BTH 温湿度分采集器可挂接气温和湿度传感器,通过 CAN 总线接入主采集器。其技术性能指标见表 1.3,外观及接口布置见图 1.2。

WUSH-BTH 温湿度分采集器的接口引脚定义见图 1.3,内部连线见图 1.4:

③ WUSH-BG2 地温分采集器

WUSH-BG2 地温分采集器可挂接草温、地表温、浅层地温、深层地温传感器,通过 CAN 总线接入主采集器。其技术性能指标见表 1.4,外观及接口布置见图 1.5。

表 1.3 温湿度分采集器技术性能指标

MCU 特性	处理器	ARM7 系列
测量性能	A/D 转换精度	24 位
	模拟量输入	2 个差动电压输入通道,可测电压、电阻、电流
	电压信号放大倍数	1～128 倍(可设置)
	模拟电压分辨率	0.28 μV
时钟性能	实时时钟	误差＜15s/月
传感器接口	气温	1 个模拟通道,接入 WUSH-TW100 型温度传感器
	湿度	1 个模拟通道,接入 DHC2 型湿度传感器
通信接口	RS-232	1 个
	CAN	1 个
其他接口	指示灯	3 个
	编程接口	可通过串行接口 RS232 在线编程
	电源输出	1 个
电气性能	供电电压	DC12V
	功耗	约 0.24W
环境适应性	工作温度范围	−50～+80 ℃
监测功能	主板温度测量	具备
	主板电源电压测量	具备
	传感器状态监测	具备
物理参数	尺寸	150 mm×64 mm×34 mm
	重量	350 g

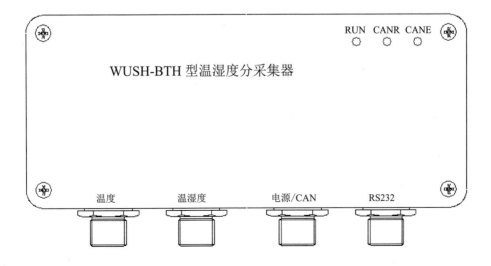

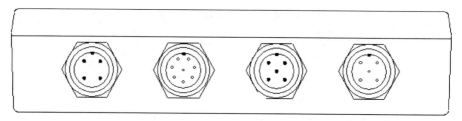

图 1.2　WUSH-BTH 温湿度分采器外观及接口布置示意图

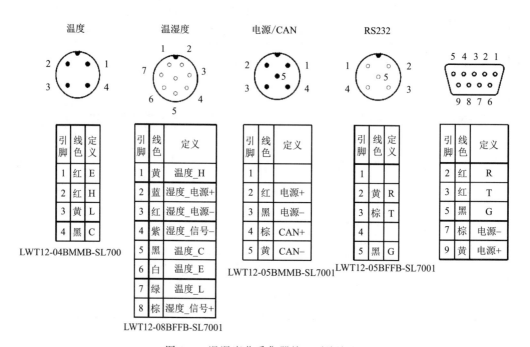

图 1.3　温湿度分采集器接口引脚定义

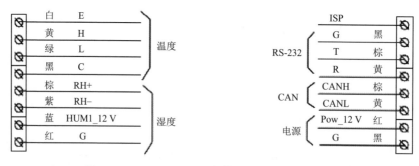

图 1.4　WUSH-BTH 温湿度分采集器内部连线图

表 1.4　地温分采集器技术性能指标

MCU 特性	处理器	16 位 ARM7 系列
测量性能	A/D 转换精度	24 位
	模拟量输入	16 路差分输入,可测电压、电阻、电流
	电压信号放大倍数	1.128(可设置)
	模拟电压分辨率	0.28 μV
时钟性能	实时时钟	小于 15 s/月
传感器接口	温度	10 个模拟通道,接入 ZQZ-TW 型温度传感器
通信接口	RS-232	14 个
	CAN	1 个
其他接口	指示灯	3 个(COM 灯不用)
	编程接口	2 个
电气性能	供电电压	DC12 V
	功耗	约 0.5W
环境适应性	工作温度范围	−50～+80 ℃
监测功能	主板温度测量	具备
	主板电源测量	具备
物理参数	尺寸	208 mm×105 mm×44 mm
	重量	1000 g

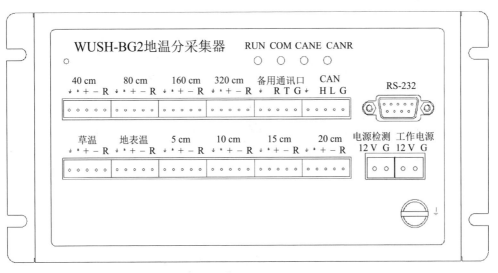

图 1.5　WUSH-BG2 地温分采集器外观和接口布置示意图

（2）采集器机箱

① 主采集器机箱

主采集箱内安装 WUSH-BH 数据采集器、DYC1 气压传感器、光纤转换模块及防雷模块等,外部接口为航空接插件以及光纤接口。

通过外部接口,主采集器机箱可接入风向、风速、翻斗雨量、称重降水、能见度、蒸发、雪深等要素的传感器以及分采集器,连接电源和综合集成硬件控制器。

主采集器机箱内部结构布局见图 1.6,外部接口布置见图 1.7,主采集器机箱内部连线示意见图 1.8～1.11;主采集器机箱内部连接见图 1.12、图 1.13。

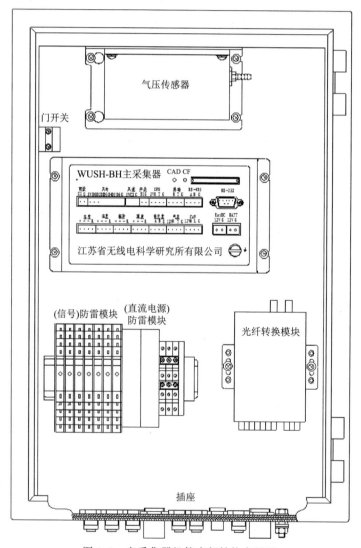

图 1.6　主采集器机箱内部结构布局图

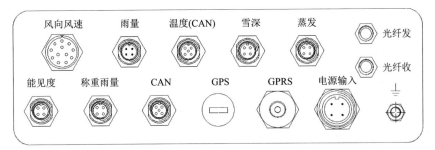

图 1.7 主采集器机箱外部接口布置图

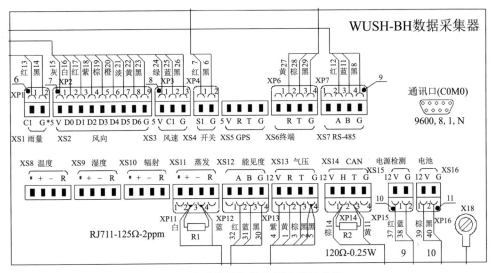

图 1.8 主采集器机箱内部连线示意图-1

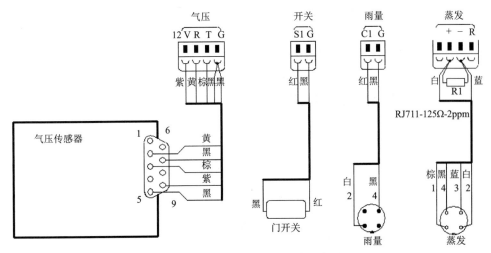

图 1.9 主采集器机箱内部连线示意图-2

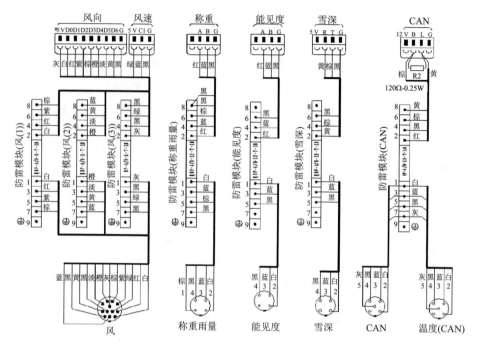

图 1.10　主采集器机箱内部连线示意图-3

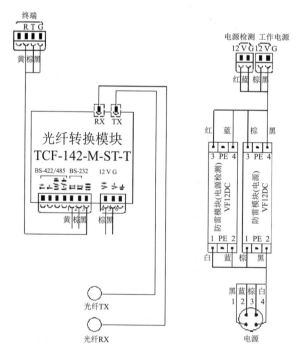

图 1.11　主采集器机箱内部连线示意图-4

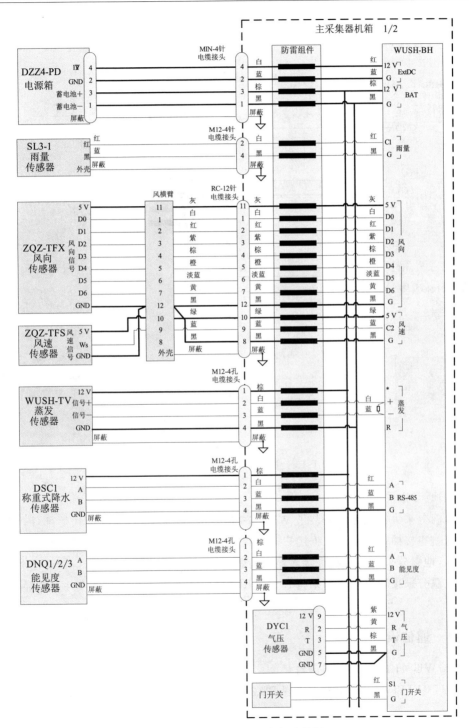

图 1.12　主采集器机箱内部连接图-1

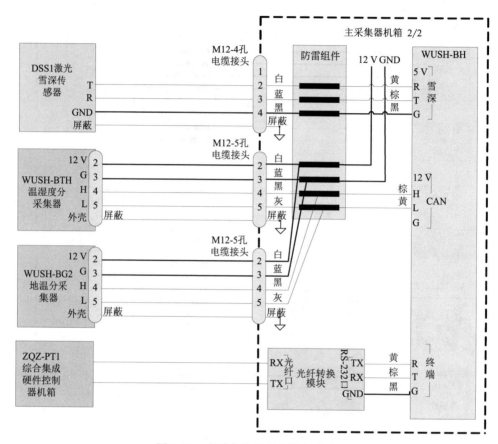

图 1.13　主采集器机箱内部连接图-2

② 地温分采集器机箱

地温分采集器机箱内安装了 WUSH-BG2 地温分采集器、防雷模块等部件,外部接口为航空接插件。也可根据用户需要提供防水接口的地温分采集器机箱。通过外部接口,地温分采集器机箱可接入地温传感器,连接主采集器和电源。

地温分采集器机箱内部结构布局见图 1.14,外部接口布置见图 1.15,内部连线见图 1.16。

1.2.3　通信设备

（1）WUSH-PBF 光纤通信盒

WUSH-PBF 光纤通信盒可实现 RS-232 转光纤与业务计算机通信,采用 AC220 V供电。

计算机和光纤转换模块使用标准 RS-232 交叉电缆连接,光纤直连通信连接示意

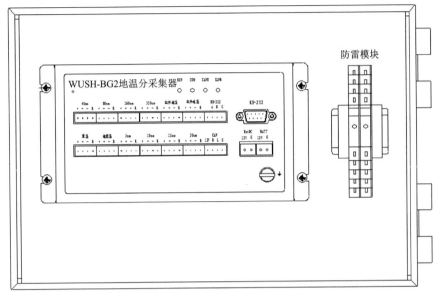

图 1.14　地温分采集器机箱内部结构布局图

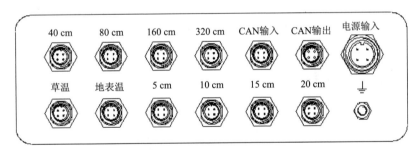

图 1.15　地温分采集器机箱外部接口布置图

见图 1.17。

（2）ZQZ-PT2 网络通信盒

ZQZ-PT2 网络通信盒可实现以太网转光纤通信,采用 AC220 V 供电,其外观和接口布置见图 1.18。网络通信盒将业务计算机的以太网信号转换成光纤信号接入综合集成硬件控制器,通信连接示意见图 1.19。

（3）ZQZ-PT1 综合集成硬件控制器机箱

ZQZ-PT1 综合集成硬件控制器机箱内安装了 DPZ1 综合集成硬件控制器、光纤转换模块等,其内部布局见图 1.20。主采集器可通过综合集成硬件控制器机箱接至业务计算机。

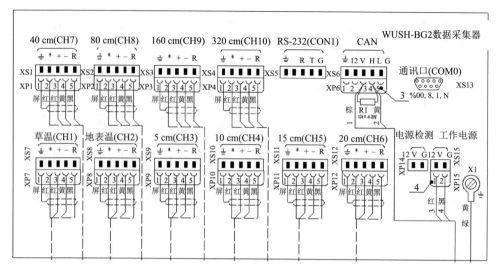

图 1.16　地温分采集器机箱内部连线图

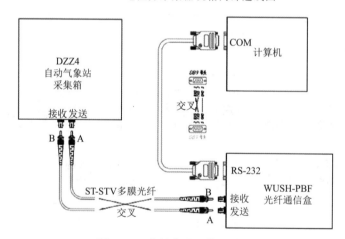

图 1.17　光纤直连通信连接图

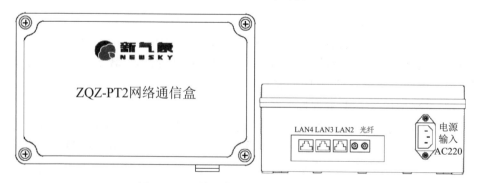

图 1.18　网络通信盒外观和接口布置图

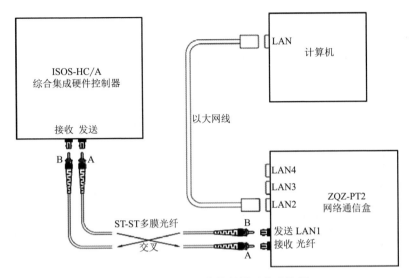

图 1.19　合集成硬件控制器通信连接图

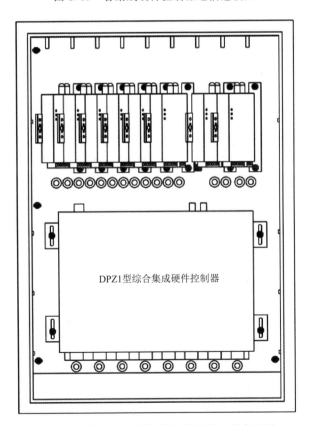

图 1.20　综合集成硬件控制器机箱内部布局图

1.2.4　电源设备

DZZ4.PD 电源箱内安装空气开关、开关电源、充电保护模块、交流防雷模块、直流防流模块、蓄电池等,外部接口为航空接插件。通过外部接口,DZZ4.PD 电源箱连接交流电源输入、直流电源输出。

电源箱内部结构布局见图 1.21,外部接口布置见图 1.22,内部连线见图 1.23。

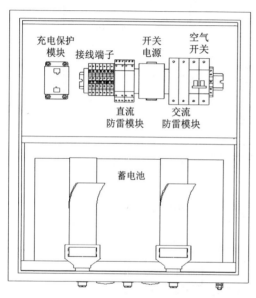

图 1.21　电源箱内部结构布局图

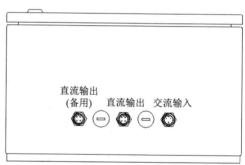

图 1.22　电源箱外部接口布置图

1.2.5　检测与维修

DZZ4 型自动气象站出现故障时,可根据故障现象,检测电源、通信、采集等分系统,判别故障分类并进行维修。检测与维修流程见图 1.24。

(1)电源系统

电源系统正常工作是自动站稳定运行的前提,自动站数据全部缺测时应首先检查是否电源系统故障。电源系统发生故障时可按如下步骤检查。

① 检查空气开关是否在 ON 位置;

② 分别测量开关电源的交流输入电压是否 220 V、直流输出电压是否 14.5 V,蓄电池直流输出电压是否 13.8 V;

③ 检查防雷模块是否被雷击击穿。

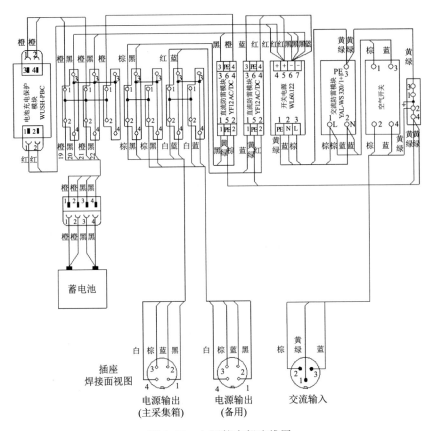

图 1.23 电源箱内部连线图

（2）通信系统

通信系统故障时，表现为主采集器和计算机终端运行正常，但不能相互通信。通信系统故障可按如下步骤检查。

① 查看光纤通信模块 POWER 灯是否常亮，Tx、Rx 灯是否交替闪烁。

② 两个光纤通信模块上的光纤应是交叉连接，Tx（发）—Rx（收）。

③ 检查光纤通信模块的 DIP 开关设置是否为："ON、OFF、OFF、OFF"（1、2、3、4 位）。

④ 检查光纤插头是否接触可靠。

⑤ 用激光测试笔检查光纤是否断开，如断开则重新进行熔接，或更换一组备用光纤。

⑥ 确认通信参数设置正确，计算机串口工作正常。

⑦ 计算机切勿设置休眠模式，"系统待机""关闭硬盘时间"应全部设为"从不"，否则会影响业务软件正常运行。

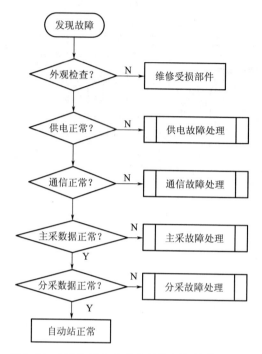

图 1.24　DZZ4 型自动气象站检测与维修流程图

（3）主采集器

① 主采集器正常运行时,红色"RUN"状态指示灯应为秒闪,如果闪烁不正常,说明主采集器故障。

② 主采集器故障还表现为某通道或内部模块损坏,需更换主采集器。

③ 如果主采集器直挂接的气象要素数据异常,若确认传感器及连接线路正常,则表明主采集器相应通道故障。

④ 如果分采集器直挂接的气象要素数据异常,若确认分采集器、CAN 电缆、CAN 终端匹配电阻正常,则表明主采集器 CAN 通道故障。

（4）分采集器

正常情况下,分采集器的 CANR 指示灯（绿色）应常亮,CANE 指示灯（红色）不亮。否则,说明分采集器故障。

① 检查 CAN 线是否连接正确,有无断路、短路。

② CAN 线上有一个 120 Ω 的匹配电阻,测量该电阻是否正常。

③ 若 CAN 通道损坏,则更换分采集器。

④ 在传感器正常的情况下,计算机连接分采集器的调试端口,发送 samples 命令,若有数据返回说明分采集器正常,否则更换分采集器。

1.2.6　日常维护及使用注意事项

（1）串口调试软件使用介绍

在计算机终端通过串口调试工具可以直接给主采集器发送命令,进行相关测试或维护。

调试工具可以采用系统自带的"超级终端"软件,推荐使用 SSCOM32.exe 程序,其运行界面见图 1.25。

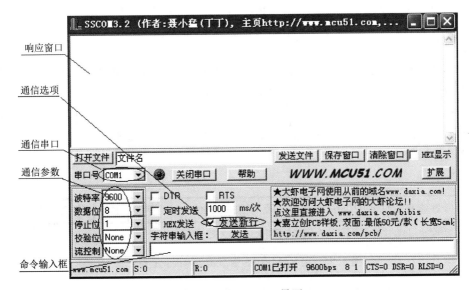

图 1.25　SSCOM32 界面

① 设置参数

串口号:右键点击"我的电脑"或"计算机",在"属性"→"设备管理器"中查看所启用的串口,选择计算机与主采集器相连的串口号。

串口参数:波特率 9600、数据位 8、停止位 1、校验位无。

以上参数必须正确设置,否则无法通信。

② 打开串口

点击"打开串口"按钮,指定的串口即被打开,同时按钮标签会变为"关闭串口"。

③ 发送命令

设置好参数并打开串口后,勾选"发送新行",就可在字符串输入框中输入命令与主采集器进行交互了。

（2）CF 卡操作

① 拔卡

a)应当在 CF 卡指示灯熄灭的时候进行拔卡操作。

b)若在灯亮时拔卡,会造成数据丢失,甚至损坏 CF 卡。

c)拔卡过程中,应使 CF 卡保持水平,以免损坏 CF 卡座。

② 插卡

a)CF 卡在使用之前必须格式成 FAT32 格式。

b)允许在主采集器运行过程中插入 CF 卡。

c)CF 卡正面朝上,小心地对准插槽,用力推进 CF 卡座。

d)插入 CF 卡后,采集器的运行指示灯(RUN)会加快闪烁,表示已检测到 CF 卡。在 2 分钟内,采集器的运行指示灯能恢复正常秒闪,表示 CF 卡已能进行正常操作。

e)如果插入 CF 卡后,采集器的运行指示灯(RUN)没有变化或指示灯长时间(超过 3 分钟)不能恢复正常秒闪,需重新拔插或更换 CF 卡。

f)可通过终端操作命令 SAMPLES 来检查 CF 卡的挂载情况。如果系统正确识别 CF 卡,SAMPLES 命令响应信息最后一行会显示"CF:已插入(已挂载,正常)"。见图 1.26。

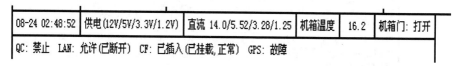

图 1.26　用 SAMPLES 命令检查 CF 卡工作状态

如果显示"未挂载"或"已挂载,故障"信息,则需重新拔插或更换 CF 卡。每次重新插卡后,最好等待 2 分钟,再用命令 SAMPLES 检查。

③ 格式化

CF 卡在使用之前必须格式化成 FAT32 格式。可通过读卡器,在计算机上进行格式化操作。

④ 数据备份

建议定期将 CF 卡中的数据备份到计算机中,并检查数据的完整性。

若有备用卡,可将其直接替换现用卡,否则,可将现用卡上的数据备份之后,再重新插回主采集器。

换卡时应当避免在临近日界,日界 10 分钟以后换卡是比较适宜的。

(3)存储目录操作

CF 卡上的数据存储目录与区站号保持一致,当改变区站号时,会自动创建以新区站号命名的存储目录,但原区站号的数据目录仍会保留在采集器内部和 CF 卡上,这样会占用存储空间。

采集器内部采用循环式存储器结构,最新数据可以自动覆盖原有数据。

删除采集器内的旧区站号目录,可执行下列命令:

CLEARALLDATA ↙

删除 CF 卡上的数据,可通过读卡器,在计算机上进行清除。

(4)WUSH-BH 采集器嵌入式软件升级

注意事项:

① 采集器软件升级应避开降水天气。

② 采集器软件升级前,应确保备份站正常运行,出现意外情况时可切换到备份站运行。

③ 升级前保证业务软件中数据完整,补全所有的缺测数据。

④ 执行 UPDATE 升级命令应避开整点时刻以及整 5 分时刻,建议在整点后 6 分钟进行。

⑤ 执行 UPDATE 命令的升级过程大约需要 2 分钟时间。

升级前需准备以下内容:

① CF 卡一个。

② 升级包压缩文件。

③ 升级辅助工具软件 SSCOM32.exe。

升级步骤如下:

① 取出随自动站配发的备用 CF 卡,将 CF 卡以 FAT32 文件系统进行格式化,将升级包压缩文件解压缩到 CF 卡的根目录下(也可使用采集器上 CF 卡,CF 卡从采集器上取下时,无需断电,只需在 CF 灯不亮时取下来)。

② 将 CF 卡插入到主采集器的 CF 卡插槽中,须注意 CF 卡的正反面不要出错。

③ 关闭 SMO 软件。运行 SSCOM32 软件,选择与 SMO 软件中新型自动站一致的串口号,波特率 9600 8 1 N。

④ 在命令输入框中输入 SAMPLES 命令,点击发送,查看 CF 的状态,等到 CF 卡状态为"已挂载,正常"后进行下一步,若状态一直为"已插入,未挂载"请重新插拔 CF 卡。见图 1.27。

⑤ 在命令输入框中输入 update 命令,点击发送。见图 1.28。

⑥ 采集器自动进入升级状态,等到采集器输出 UPDATE COMPLETED 后,表示升级完成,采集器系统自动重启(图 1.29)。

⑦ 采集器重启完成后,在 SSCOM32 软件窗口中显示启动信息,检查启动信息中的采集器软件版本号信息是否正确。若版本号不正确,则再次回到上面的第(5)步重新执行升级。检查采集器软件版本命令:logo。升级成功后可进入下一步,不成功请及时联系厂家。

⑧ 关闭 SSCOM32 软件,打开 SMO 软件进行观测。

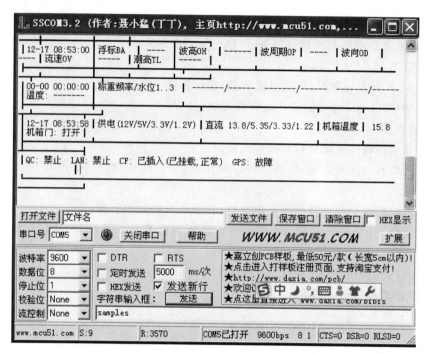

图 1.27 查看 CF 卡状态

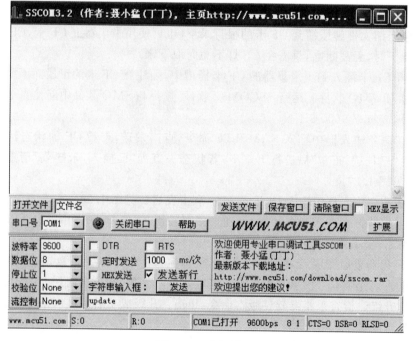

图 1.28 升级界面

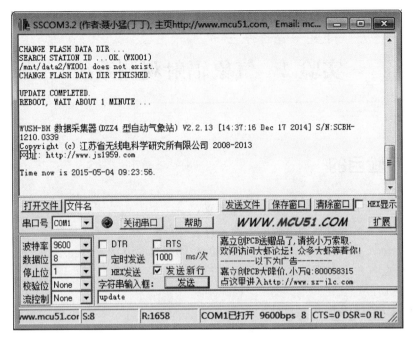

图 1.29 升级完成界面

(5)传感器、分采集器启用配置

用户可根据实际观测项目配置传感器和分采集器的启用。

1.3 实验作业

(1)自动气象站有哪些硬件配置？

(2)自动气象站有哪些主要部件？各有什么具体功能？

(3)自动气象站有哪些常见故障？应如何检测与维修？

(4)自动气象站的日常维护需要注意什么？

实验 2　气象辐射观测系统

2.1　实验目的

(1)了解气象辐射观测系统的硬件配置；
(2)掌握气象辐射观测系统的主要部件与功能；
(3)学会气象辐射观测系统常见故障的检测与维修方法；
(4)学会气象辐射观测系统的日常维护方法。

2.2　实验内容

　　气象辐射观测系统是地面气象观测系统的重要组成部分。我国地面自动观测业务系统在用的气象辐射观测系统，主要包括 DFT1 型和 DFT2 型两种型号，分别由江苏省无线电科学研究所有限公司和华云升达(北京)气象科技有限责任公司生产。

2.2.1　硬件配置

　　DFT1 型气象辐射观测系统(原 WUSH-RS 辐射观测站)由江苏省无线电科学研究所有限公司研制。其配置见表 2.1。

表 2.1　DFT1 型气象辐射观测系统配置表

部件分类	部件名称	部件型号
传感器	总辐射传感器	FS-S6
	散射辐射传感器	FS-S6
	反射辐射传感器	FS-S6
	直接辐射传感器	FS-D1
	大气长波辐射传感器	FS-T1
	地面长波辐射传感器	FS-T1
	光合有效传感器	FS-PR
采集设备	采集器机箱	DFT1
	采集器	WUSH-BFS

部件分类	部件名称	部件型号
通信设备	光纤通信盒	WUSH-PBF
	网络通信盒	ZQZ-PT2
	综合集成硬件控制器	DPZ1
	综合集成硬件控制器机箱	ZQZ-PT1
电源设备	电源箱	DZZ4. PD
配套设备	太阳跟踪器	FS-ST33
	加热通风器	FS-FV
	遮光装置	FS-FG1

2.2.2　采集设备

（1）WUSH-BFS 数据采集器

WUSH-BFS 数据采集器可挂接辐射气象要素传感器。其技术性能指标见表 2.2,外观及接口布置见图 2.1。

表 2.2　数据采集器技术性能指标

MCU 特性	处理器	32 位 ARM9 系列 ATMEL AT91SAM9263,200M 主频
	处理器主频	最高 200M
测量性能	A/D 转换精度	24 位
	模拟量输入	16 个差动电压输入通道 可测电压、电阻、电流等模拟量
	电压信号放大倍数	1~128 倍(可设置)
	模拟电压分辨率	0.28
	频率输入	3 个 16 位计数/频率/开关输入
	数字量输入	8 位数字量通道
时钟性能	实时时钟	误差小于 15 s/月
传感器接口	总辐射	1 个模拟通道,用于测量电压值
	直接辐射	1 个模拟通道,用于测量电压值
	散射辐射	1 个模拟通道,用于测量电压值
	反射辐射	1 个模拟通道,用于测量电压值
	大气长波辐射	1 个模拟通道,用于测量电压值
	地面长波辐射	1 个模拟通道,用于测量电压值

续表

传感器接口	净全辐射	1个模拟通道,用于测量电压值
	光合有效辐射	1个模拟通道,用于测量电压值
	紫外 A 辐射	1个模拟通道,用于测量电压值
	紫外 B 辐射	1个模拟通道,用于测量电压值
	大气长波腔体温度	1个模拟通道,用于测量铂电阻值
	地面长波腔体温度	1个模拟通道,用于测量铂电阻值
	总辐射通风速度	1个频率通道,用于测量频率值
	散射辐射通风速度	1个频率通道,用于测量频率值
	大气长波辐射通风速度	1个频率通道,用于测量频率值
	太阳跟踪器	1个 RS232 接口,接入 FS-ST33 型太阳跟踪器
	门开关	1个数字通道
通信接口	RS-232	5个
	CAN	1个
	RJ45	1个
	USB-HOST	2个
	USB-DEV	1个
其他接口	指示灯	系统指示灯 CF 卡指示灯
	编程接口	2个
	外存储器接口	1个 CF 卡接口
	电源输出	4个
电气性能	供电电压	DC12V
	功耗	约1.2W
环境适应性	工作温度范围	−50~+80 ℃
监测功能	主板温度测量	具备
	主板电压测量	具备
	交流供电检测	具备
	机箱门状态检测	具备
物理参数	尺寸	208 mm×105 mm×44 mm
	重量	1000 g

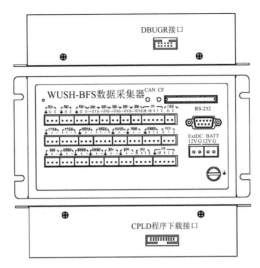

图 2.1　WUSH-BFS 数据采集器外观及接口布置示意图

（2）采集器机箱

采集器机箱内安装 WUSH-BFS 数据采集器、光纤转换模块、空气开关、开关电源、蓄电池、充电模块及防雷模块等，外部接口为防水接头。通过外部接口，采集器机箱可接入辐射传感器，连接电源和综合集成硬件控制器。

采集器机箱内部结构布局见图 2.2，内部连线见图 2.3，系统连线图见图 2.4。

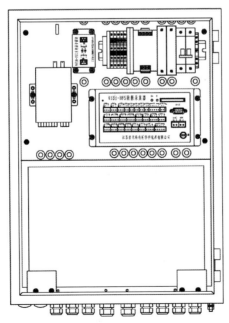

图 2.2　主采集器机箱内部结构布局图

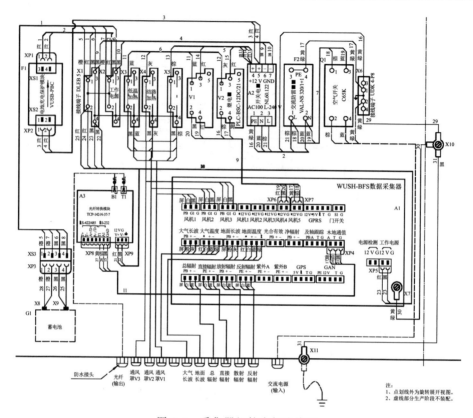

图 2.3　采集器机箱内部连线图

2.2.3　通信设备

参见 1.2.3。

2.2.4　电源设备

DFT1 型气象辐射系统的电源部分与采集部分都安装在采集器机箱内,参见 1.2.3。

2.2.5　外围设备

(1)太阳跟踪器

DFT1 型气象辐射观测系统采用 FS-ST33 全自动太阳跟踪器,它通过太阳传感器检测太阳位置,并配合时间算法,实现全天候的太阳自动跟踪。FS-ST33 全自动太阳跟踪器由控制系统、跟踪转台、太阳传感器和电源系统等组成。太阳跟踪器外形结构见图 2.5。

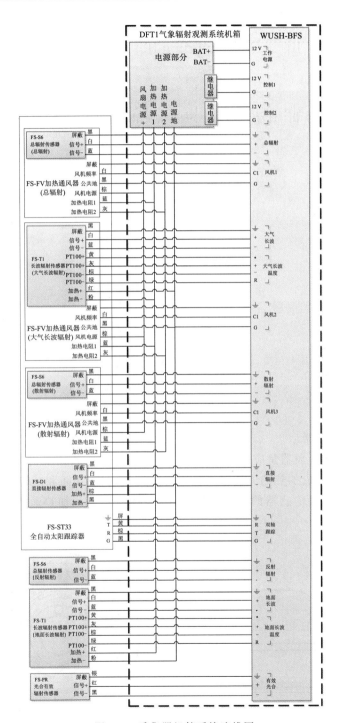

图 2.4　采集器机箱系统连线图

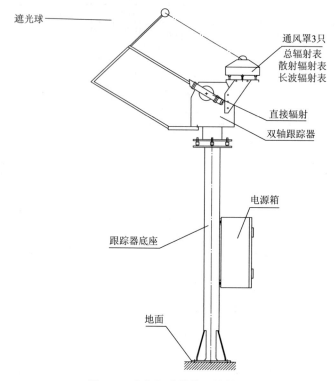

图 2.5　太阳跟踪器外观结构图

（2）加热通风器

FS-FV 加热通风器是应用于总辐射、散射辐射、大气长波辐射等传感器的辅助设备。它通过通风、加热的方法减少辐射传感器热偏移，预防和减轻结露、结霜和其他降水现象对辐射传感器的影响，提高传感器测量精度。加热通风器外形结构见图 2.6。

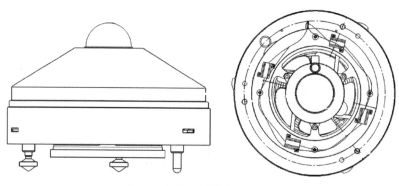

图 2.6　加热通风器外形结构图

（3）遮光装置

FS-FG1 遮光装置是配备遮光球的一套四连杆机构,它安装在全自动太阳跟踪器上,随着跟踪器的方位和高度变化带动连杆机构,使遮光球总是能够遮挡太阳对辐射传感器感应面的直接照射。可以配备两个遮光球,分别对散射辐射传感器和大气长波辐射传感器进行太阳遮挡。

2.2.6 检测与维修

DFT1 型气象辐射观测系统出现故障时,可根据故障现象,检测电源、通信、采集等分系统,判别故障分类并进行维修。检测与维修流程见图 2.7。

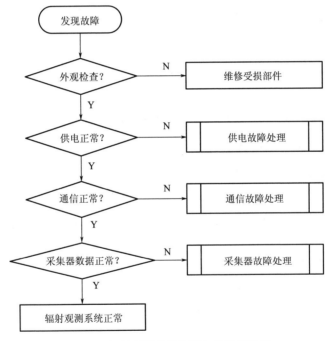

图 2.7 辐射观测系统检测与维修流程图

（1）电源系统

电源系统正常工作是辐射观测系统稳定运行的前提,辐射观测系统数据全部缺测时应首先检查是否电源系统故障。电源系统发生故障时可按如下步骤检查。

① 检查空气开关是否在 ON 位置。

② 分别测量开关电源的交流输入 220 V 电压、直流输出 14.5 V 电压,蓄电池直流输出 13.8 V 电压是否正常。

③ 防雷模块是否被雷击击穿。

（2）通信系统

通信系统故障时,表现为数据采集器和计算机终端运行正常,但不能相互通信。通信系统故障可按如下步骤检查。

① 查看光纤通信模块 POWER 灯是否常亮,Tx、Rx 灯交替闪烁。两个光纤通信模块上的光纤应是交叉连接,Tx(发)—Rx(收);光纤通信模块的 DIP 开关设置应为"ON""OFF""OFF""OFF"(1、2、3、4 位)。

② 检查光纤插头是否接触可靠。

③ 用激光测试笔检查光纤是否断开,如断开则重新进行熔接,或更换一组备用光纤。

④ 确认通信参数设置正确,计算机串口工作正常。

⑤ 计算机切勿设置休眠模式,"系统待机""关闭硬盘时间"应全部设为"从不",否则会影响业务软件正常运行。

（3）数据采集器

数据采集器正常运行时,红色"RUN"状态指示灯应为秒闪,如果闪烁不正常,说明数据采集器故障。

数据采集器故障还表现为某通道或内部模块损坏,需更换数据采集器。

2. 2. 7　日常维护及使用注意事项

（1）CF 卡操作

请参见 1. 2. 6。

（2）WUSH-BFS 数据采集器嵌入式软件升级

升级步骤和方法请参见 1. 2. 6。

（3）传感器启用配置

用户可根据实际观测项目配置传感器的启用。

启用传感器的命令为:SENST xx 1/0。其中 xx 为传感器标识符,1 为开启,0 为关闭。

2. 3　实验作业

（1）气象辐射观测系统有哪些硬件配置?

（2）气象辐射观测系统有哪些主要部件? 各有什么具体功能?

（3）气象辐射观测系统有哪些常见故障? 应如何检测与维修?

（4）气象辐射观测系统的日常维护需要注意什么?

实验 3   综合集成硬件控制器

3.1   实验目的

(1)了解综合集成硬件控制器的硬件配置；
(2)掌握综合集成硬件控制器的主要部件与功能；
(3)学会综合集成硬件控制器常见故障的检测与维修方法。

3.2   实验内容

3.2.1   硬件配置

DPZ1 型综合集成硬件控制器由北京华云东方探测技术有限公司生产,集成多串口通信、信号转换、光电隔离、数据转换和光电转换等功能模块,用于集成自动气象站、云、天气现象等观测仪器硬件设备,通过光纤进行数据远距离传输。其配置见表 3.1。

表 3.1   DPZ1 型综合集成硬件控制器配置表

部件分类	部件名称	部件型号
通信设备	通信控制器模块	CC
	光电转换模块	PCM
	串口传输模块	STM
	电源适配器	CH1812.B
	光纤传输模块 A(选配)	OFTMA
	光纤传输模块 B(选配)	OFTMA

3.2.2   通信设备

(1)通信控制模块

通信控制器模块支持 RS-232/485/422 三种接入方式。其技术性能指标见表 3.2,外观及接口布置见图 3.1。

表 3.2　DPZ1 型通信控制模块技术性能指标

通信接口	RS-232/485/422 接口	8 个
	RJ45 接口	4 个(1 个为 8 串口转以太网接口,3 个为以太网转光纤接口)
	ST 光纤收发接口	1 组
	RS-232 DB9 母口	1 个
	USB 口	2 个(调试和预留)
	SD 卡插槽	数据存储
其他接口	电源指示灯	2 个
	状态指示灯	7 个
	RS-232/485/422 接口指示灯	8 个
	ST 光纤接口指示灯	2 组
	系统按键	2 个(系统复位和恢复出厂设置)
通信参数	通信距离	最大有线传输距离:≥500 m
	通信防雷	内部采用光电隔离和浪涌保护,抑制电磁干扰
电气性能	功耗	约 8 W
	串口数据缓存大小	7 KB
	存储卡容量	1 GB
环境适应性	工作环境温度	−40~+60 ℃

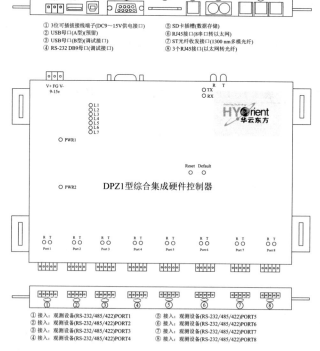

① 3 位可插接接线端子(DC9~15V供电接口)　⑤ SD卡插槽(数据存储)
② USB母口(A型)(预留)　　　　　　　　　⑥ RJ45接口(8串口转以太网)
③ USB母口(B型)(调试接口)　　　　　　　⑦ ST光纤收发接口(1300 nm多模光纤)
④ RS-232 DB9母口(调试接口)　　　　　　⑧ 3个RJ45接口(以太网转光纤)

① 接入:观测设备(RS-232/485/422)PORT1　　⑤ 接入:观测设备(RS-232/485/422)PORT5
② 接入:观测设备(RS-232/485/422)PORT2　　⑥ 接入:观测设备(RS-232/485/422)PORT6
③ 接入:观测设备(RS-232/485/422)PORT3　　⑦ 接入:观测设备(RS-232/485/422)PORT7
④ 接入:观测设备(RS-232/485/422)PORT4　　⑧ 接入:观测设备(RS-232/485/422)PORT8

图 3.1　通信控制器模块外观及接口布置示意图

（2）光电转换模块

光电转换模块放置在室内,实现 100Base-TX(RJ45)和 100Base-FX(光纤信号)的转换,通过光纤与室外通信控制模块连接通信,采用 DC9～15 V 供电,具有 3 个 RJ45 接口和 1 组 ST 光纤收发接口,3 个 RJ45 接口支持 10/100 M、全双工、半双工自适应。光纤接口采用 ST 接头,支持 1300 nm 多模光纤。外观及接口布置见图 3.2。

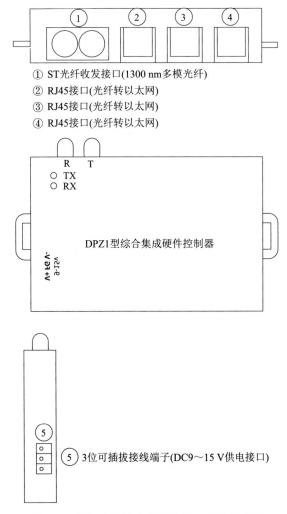

① ST光纤收发接口(1300 nm多模光纤)

② RJ45接口(光纤转以太网)

③ RJ45接口(光纤转以太网)

④ RJ45接口(光纤转以太网)

⑤ 3位可插拔接线端子(DC9～15 V供电接口)

图 3.2　光电转换模块外观及接口布置示意图

（3）串口传输模块

串口传输模块支持三种串行通信方式的动态切换,可灵活配置,并可手动拔插,同时在内部继承了串口隔离保护器,采用光电隔离,使得设备与系统之间只有光传送,没有电接触,可抑制干扰和浪涌,接口布置见图 3.3。通信线接口说明见表 3.3。

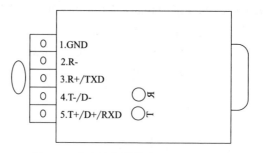

图 3.3　光电转换模块接口布置示意图

表 3.3　DPZ1 型通信控制模块面板指示说明

脚号	定义
1	GND
2	422RX-
3	422RX＋/232TXD
4	422TX-/485A-
5	422TX＋/485A＋/232RXD

3.2.3　检测与维修

　　表 3.4 中说明了 DPZ1 型综合集成硬件控制器正常工作情况下指示灯状态。当设备出现故障时,可根据故障现象,检测设备状态指示灯、上位机驱动等,判别故障分类并进行维修。

表 3.4　DPZ1 型通信控制模块面板指示说明

序号	面板标识	功能描述
1	PWR1	电源指示灯,设备正常工作时常亮
2	PWR2	电源指示灯,设备正常工作时常亮
3	L1	设备启用正常运行后闪烁,系统启动指示灯
	L7	恢复出厂设置指示灯,恢复出厂设置成功后闪烁 1 次
4	Tx	光纤数据发送指示灯,通信正常时常亮
	Rx	光纤数据接收指示灯,通信正常时闪烁
5	R	串口数据接收指示灯,有数据传输时闪烁
	T	串口数据发送指示灯,有数据传输时闪烁
6	Reset	系统复位按键,长按 1 秒钟系统重启
	Default	恢复出厂设置按键,长按 5 秒钟恢复出厂设置成功

（1）硬件设备检查

根据设备面板指示灯显示状态，判断设备是否工作正常。硬件设备故障检测流程见图 3.4。

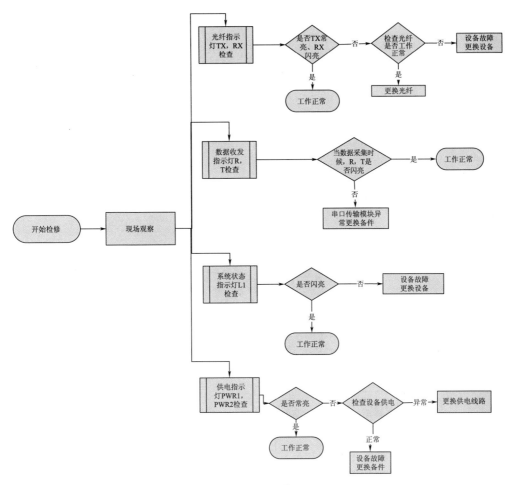

图 3.4　检测与维修流程图

检测步骤：

① PWR1、PWR2 为设备供电状态指示灯，正常运行时常亮，若不亮需检查供电电源的电压是否正常。

② L1 为设备运行状态指示灯，正常运行时闪亮，若不亮说明内核系统工作异常，重启设备仍不能解决，需要更换备件。

③ TX、RX 为光纤信号收发指示灯，正常运行时，TX 常亮、RX 闪亮，若异常需检查光纤、观测场内通信控制模块、室内光电转换模块是否异常，确定问题后更换备件。

④ R、T 为接入综合集成硬件控制器设备数据收发状态指示,若当数据收发时不亮,需更换串口传输模块。

(2)驱动软件检查

驱动软件故障时,表现为发送命令 T 指示灯不亮,命令发送失败。驱动软件检查流程见图 3.5。

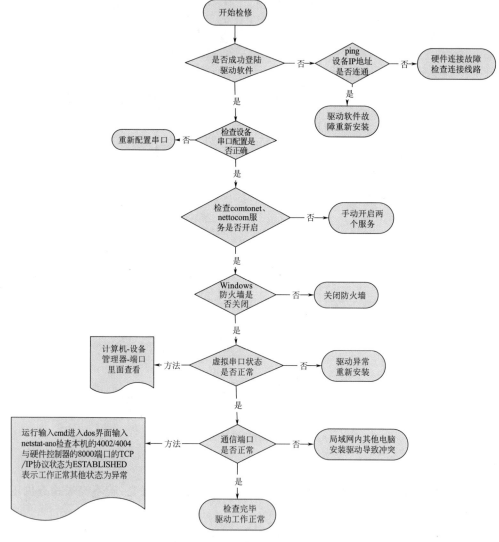

图 3.5　驱动软件检查检测流程图

检测步骤:

① 首先检查驱动软件连接设备情况,驱动连接异常但是 ping 命令能够 ping 通

设备,表示驱动软件异常,需重新安装,如 ping 不通代表设备 IP 地址错误或者硬件设备故障。

② 驱动软件连接成果后,需检查相应串口配置信息是否正确,需配置正确的通信方式及波特率等信息。

③ comtonet、nettocom 是控制数据收发的两个服务,当数据没有收发时,需要检查者两个服务的状态。

④ Windows 防火墙需要关闭的情况下,能保证设备数据的稳定传输。

⑤ 驱动软件虚拟串口信息在计算机-管理-设备管理器中可以查看,当出现问题时,会有一个黄色的感叹号代表驱动没有安装成功,需重新安装。

⑥ 一个局域网内只允许一台电脑访问硬件设备,当一个局域网内两台电脑同时安装了驱动软件,会导致数据收发异常,通过查看计算机与设备之间的 TCP/IP 端口状态可以判断是否局域网内驱动冲突。

(3)其他故障

① 数据缺测:当出现数据缺测后,检查系统时间和采集器的时间是否一致,当出现时间偏差后,会导致缺测。

② 设备死机:数据传输中断需要重新启动硬件设备才能恢复,需要跟厂家联系,进行维修。

3.3　实验作业

(1)了解综合集成硬件控制器的硬件配置;

(2)掌握综合集成硬件控制器的主要部件与功能;

(3)学会综合集成硬件控制器常见故障的检测与维修方法。

实验 4 气温传感器

4.1 实验目的

(1)了解气温传感器的工作原理;
(2)了解气温传感器的基本参数;
(3)掌握气温传感器的安装要求;
(4)学会气温传感器常见故障的检测与维修方法;
(5)学会气温传感器的日常维护方法。

4.2 实验内容

气温是表示空气冷热程度的物理量,表征了大气的热力状况。常用的气温单位是摄氏度,简称度,符号为℃。常用的测量气温的仪器主要有金属电阻式传感器,热电偶式传感器,热敏电阻式温度传感器等。目前地面自动气象站中测量气温主要使用的是铂电阻温度传感器。

4.2.1 工作原理

铂电阻温度传感器利用金属铂在温度变化时自身电阻也随之改变的特性来测量温度,其准确度和稳定性依赖于铂电阻元件的特性。通常使用的铂电阻温度传感器采用 Pt100 电阻,0 ℃时的电阻值为 100 Ω,电阻变化率为 0.385 Ω/ ℃。

气温传感器一般由精密级铂电阻元件和经特殊工艺处理的防护套组成,并用四芯屏蔽信号线从敏感元件引出用于测量,采用四线制测温原理,以减少导线电阻引起的测量误差。

带标准电阻的四线制电阻测温原理见图 4.1。

假定传感器的四根导线电阻为 r,在 2、3 端接入标准电阻 R_0,和待测电阻 R_t 串联构成回路。由恒流源提供电流 I_0,由于导线的压降很小,所以 $I_0 = V_1/R_t = V_2/R_0$,即得出 $R_t = R_0 \times V_1/V_2$。

铂电阻计算公式:$R_t = R_0(1 + A \times t + B \times t^2)$

换算出温度计算公式:$T = A + B \times R_t + C \times R_t^2$

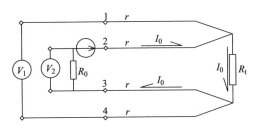

图 4.1　四线制电阻测温原理

A、B 为常数，T 为温度（℃），$R_0 = 100\ \Omega$。

4.2.2　技术参数

地面自动气象站常用的气温传感器技术参数见表 4.1，外形结构见图 4.2。

表 4.1　气温传感器技术参数表

型号		PT100 型	WZP1 型	WUSH-TW100 型	HYA-T 型	WZP2 型
生产厂家		广东省气象计算机应用开发研究所	中环天仪（天津）气象仪器有限公司	江苏省无线电科学研究所有限公司	华云升达（北京）气象科技有限责任公司	中环天仪（天津）气象仪器有限公司
应用的自动站型号		DZZ1.2	DZZ3	DZZ4	DZZ5	DZZ6
测量性能	测量范围	−50～+60 ℃	−50～+50 ℃	−50～+60 ℃	−50～+80 ℃	−50～+60 ℃
	分辨力	0.1 ℃	0.1 ℃	0.01 ℃	0.01 ℃	0.05 ℃
	最大允许误差	±0.2 ℃	±0.2 ℃	±0.1 ℃	±0.1 ℃	±0.1 ℃
	输出信号	四线制	四线制	四线制	四线制	四线制
	时间常数*	≤20 s	≤20 s	≤20 s	≤20 s	≤20 s
环境适应性	工作温度范围	−50～+60 ℃	−50～+60 ℃	−50～+60 ℃	−50～+80 ℃	−50～+60 ℃
物理参数	尺寸	长 80 mm 直径 6 mm	长 150 mm 直径 6 mm	长 60 mm 直径 6 mm	长 130 mm 直径 5 mm	长 132 mm 直径 5 mm
	重量	28 g（17 cm 线）	110 g（3 m 线）	200 g（3 m 线）	220 g（3 m 线）	110 g（3 m 线）

* 通风速度为 2.5 m/s。

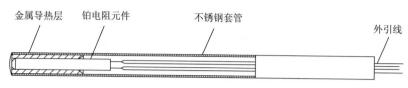

图 4.2 温度传感器外形结构图

4.2.3 安装要求

气温传感器安装在百叶箱内的专用支架上,专用支架固定于百叶箱箱底中部;气温传感器感应部分向下垂直,固定在支架的相应位置,感应部分中心距地高度 1.5±0.05 m。温(湿)度传感器在百叶箱内安装位置示意见图 4.3。

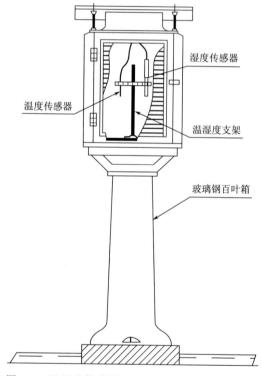

图 4.3 温湿度传感器在百叶箱内安装位置示意图

4.2.4 检测与维修

气温传感器的常见故障为数据异常或缺测,首先检查业务软件和采集器的相关参数设置,再检查线缆、传感器、采集器等方面来排查故障。

(1)参数检查

① 确认业务软件参数设置正确。

② 确认主采集器中启用了温湿度分采。

输入 DAUSET　TARH ↵

若返回值为 1,表示开启;

若返回值为 0,表示关闭,输入 DAUSET　TARH　1 ↵,将其启用(TARH 为温湿度分采集器标识符)。

③ 确认主采集器中启用了气温传感器。

输入 SENST　T0 ↵

若返回值为 1,表示开启;

若返回值为 0,表示关闭,输入 SENST□T0□1 ↵,将其启用(T0 为气温传感器标识符)。

(2)线缆检查

① 检查各线缆插头是否牢固,有无脱落或松动。

② 依次测量气温传感器→温湿度分采→主采集器的线路,排除断接、短接、错接、破损等故障。

(3)传感器检查

铂电阻温度传感器采用四线制标准测量方式。

温度计算公式:$T = (R_t - 100)/0.385$

式中:T 为温度(℃);R_t 为铂电阻测量值。

气温传感器的接线示意图如图 4.4 所示。

1 与 2(3 与 4)称之为同端电阻,1(2)与 3(4)称之为异端电阻。同端电阻两两相通,电阻值在 1~8 Ω 之间,异端电阻两两不通,电阻值在 80~120 Ω 之间。分别测得同端电阻 R_1 和异端电阻 R_2,算出 $R_t = R_2 - R_1$,就可根据温度计算公式计算出当前温度 T。

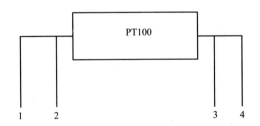

图 4.4　铂电阻温度传感器接线示意图

① 检测维修时,注意断电测量。

② 用万用表电阻档测量气温传感器的同端电阻和异端电阻,用温度计算公式计

算出气温值。

③ 如果计算出的气温值与当前实际气温值差值较大,说明传感器故障。如果在误差允许范围内,表示传感器正常。

(4)温湿度分采集器检查

若参数设置、线缆、传感器均正常,应重点检查主采集器的 CAN 总线和温湿度分采是否正常。

4.2.5　日常维护

(1)安装温湿传感器的百叶箱不能用水洗,只能用湿布擦拭或毛刷刷拭。

(2)维护时,注意避开正点数据采集;百叶箱内的气温传感器不得移出箱外;百叶箱门打开时间不宜过长、身体部位尽量远离感应部分以免影响观测数据的准确性。

(3)百叶箱内不得存放多余的物品。

(4)每月检查百叶箱顶、箱内和壁缝中有无沙尘等影响观测的杂物,用湿布或毛刷小心地清理干净。

(5)冬季巡视时,要用毛刷把百叶箱顶、箱内和壁缝中的雪和雾凇小心地清理干净。

(6)定期检查传感器感应部分中部是否在离地面 1.5 ± 0.05 m 处。

(7)定期检查传感器和线缆连接处是否松动。

(8)切勿强烈碰撞感应部位,以免内部铂电阻被打碎而造成永久性损坏。

(9)按业务要求定期进行校准。

4.3　实验作业

(1)气温传感器是如何工作的?

(2)气温传感器需要满足哪些技术要求?

(3)如何安装气温传感器?

(4)气温传感器有哪些常见故障?应如何检测与维修?

(5)气温传感器的日常维护需要注意什么?

实验 5　空气湿度传感器

5.1　实验目的

(1)了解空气湿度传感器的工作原理；

(2)了解空气湿度传感器的基本参数；

(3)掌握空气湿度传感器的安装要求；

(4)学会空气湿度传感器常见故障的检测与维修方法；

(5)学会空气湿度传感器的日常维护方法。

5.2　实验内容

空气湿度是表示空气中水汽含量和潮湿程度的物理量,常用绝对湿度、相对湿度、露点温度、霜点温度、饱和水汽压和体积比等来表示。在地面气象观测中,空气湿度是专指相对湿度,是一个无量纲的量,常表示为％RH。常用的测量空气湿度的仪器主要有湿敏电容式湿度传感器、铂电阻电通风干湿表等。目前地面自动气象站中主要使用的是湿敏电容湿度传感器。

5.2.1　工作原理

湿敏电容湿度传感器的感应元件为湿敏电容,一般是用高分子薄膜电容制成,其结构如图 5.1 所示。

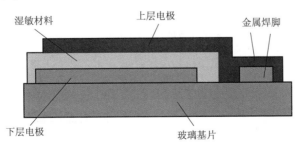

图 5.1　湿敏电容结构示意图

当环境湿度变化时,吸湿膜吸收或释放空气中的水汽,电容两极板间的介电常数发生改变,电容量随之改变,经过校准即可建立测量元件电容量与空气湿度的函数关系。

湿敏电容的主要优点是灵敏度高、滞后性小、响应速度快,且易于制造,具有较强的产品互换性。

5.2.2 技术参数

地面自动气象站常用的湿度传感器技术参数见表5.1,外形结构见图5.2～5.5。

表 5.1 湿度传感器技术参数

型号		DHC1 型	DHC2 型	DHC3 型	HYHMP155A 型
生产厂家		中环天仪(天津)气象仪器有限公司(引进瑞士罗卓尼克公司产品)	江苏省无线电科学研究所有限公司(引进芬兰维萨拉公司产品)	上海长望气象科技股份有限公司(引进奥地利益加益公司产品)	华云升达(北京)气象科技有限责任公司(引进芬兰维萨拉公司产品)
应用的自动站型号		DZZ6	DZZ4	DZZ3	DZZ1.2、DZZ5
测量性能	测量范围	0～100%RH	0～100%RH	0～100%RH	0～100%RH
	分辨力	1%RH	1%RH	1%RH	1%RH
	最大允许误差	±3%RH(≤90%RH)±5%RH(>90%RH)	±3%RH(≤90%RH)±5%RH(>90%RH)	±3%RH(≤90%RH)±5%RH(>90%RH)	±2%RH(≤90%RH)±3%RH(>90%RH)
	时间常数	20s	20s	≤40s	15s
电气性能	输出信号	DC0～1 V	DC0～1 V	DC0～1 V	DC0～1 V
	额定电压	DC12 V	DC12 V	DC12 V	DC12 V
	功耗	100 MW	36 MW	60 MW	48 MW
环境适应性	工作温度范围	−40～+60 ℃	−40～+60 ℃	−40～+60 ℃	−40～+60 ℃
物理参数	尺寸	299 mm×25 mm	279 mm×40 mm	220 mm×20 mm	279 mm×40 mm
	重量	300 g	350 g	290 g	350 g

图 5.2 DHC1 型湿度传感器外形结构示意图

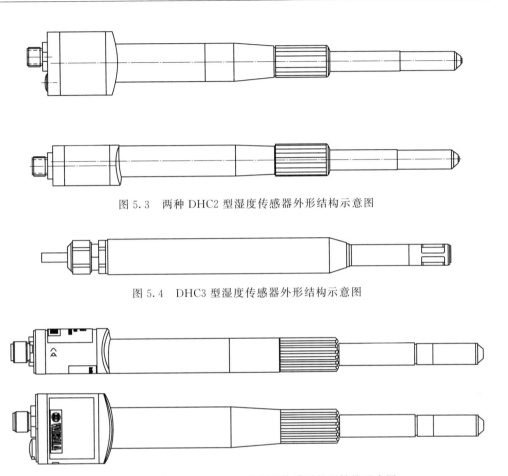

图 5.3 两种 DHC2 型湿度传感器外形结构示意图

图 5.4 DHC3 型湿度传感器外形结构示意图

图 5.5 两种 HYHMP155A 型湿度传感器外形结构示意图

5.2.3 安装要求

(1)湿度传感器安装在百叶箱内的专用支架上,专用支架固定于百叶箱箱底中部。

(2)湿度传感器感应部分向下垂直,固定在支架的相应位置,感应部分中心距地高度 1.5±0.05m。

(3)湿度传感器启用前取下感应部分保护套。

5.2.4 检测与维修

湿度传感器的常见故障为数据异常或缺测,首先检查业务软件和采集器的相关参数设置,再检查线缆、传感器、采集器等方面来排查故障。

（1）参数检查

① 确认业务软件参数设置正确。

② 确认主采集器中启用了温湿度分采：

输入 DAUSET　TARH ↵

若返回值为 1，表示开启；

若返回值为 0，表示关闭，输入 DAUSET　TARH　1 ↵，将其启用（TARH 为温湿度分采集器标识符）。

③ 确认主采集器中启用了湿度传感器：

输入 SENST　U ↵

若返回值为 1，表示开启；

若返回值为 0，表示关闭，输入 SENST　U　1 ↵，将其启用（U 为湿度传感器标识符）。

（2）供电检查

用万用表直流电压档（DC 20 V）测量传感器供电电压，应在 12 V 左右。如不正常，则分段检查温湿度分采至主采集器的供电。

（3）线缆检查

① 检查各线缆插头是否牢固，有无脱落或松动。

② 依次测量湿度传感器→温湿度分采→主采集器的线路，排除断接、短接、错接、破损等故障。

（4）传感器检查

湿度传感器主要由湿敏电容和转换电路两部分组成。湿敏电容电容量经外围电路转换后输出电压信号。电压与湿度成线性正比关系。当相对湿度为 0 时，传感器输出电压为 0 V；当相对湿度为 100% 时，传感器输出电压为 1 V，其计算公式为：$RH = U \times 100\%$。其中：RH 为相对湿度（%），U 为传感器输出电压（V）。湿度传感器的接线原理见图 5.6。

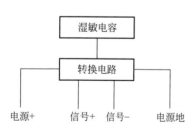

图 5.6　湿度传感器接线原理图

测量"信号＋"与"信号－"之间的电压值，经湿度计算公式计算得出当前的相对湿度值。如果计算得出的湿度值和实际值基本一致，说明传感器正常。若相差较大，说明传感器故障，需要更换。

湿度传感器通过航空插头连接温湿度分采集器。检测时需拆开温湿度分采的防水盒盖，检测完毕后，装回盒盖，拧紧螺钉并确认密闭。

（5）温湿度分采检查

若参数、供电、线缆、传感器均正常，应检查主采集器的 CAN 通道和温湿度分采是否正常。

5.2.5　日常维护

同温度传感器的日常维护部分,参见 4.2.5。

5.3　实验作业

(1)空气湿度传感器是如何工作的?

(2)空气湿度传感器需要满足哪些技术要求?

(3)如何安装空气湿度传感器?

(4)空气湿度传感器有哪些常见故障?应如何检测与维修?

(5)空气湿度传感器的日常维护需要注意什么?

实验 6　气压传感器

6.1　实验目的

(1)了解气压传感器的工作原理；
(2)了解气压传感器的基本参数；
(3)掌握气压传感器的安装要求；
(4)学会气压传感器常见故障的检测与维修方法；
(5)学会气压传感器的日常维护方法。

6.2　实验内容

气压是作用在单位面积上的大气压力,即等于单位面积上方整个垂直空气气柱所受的重力。气压国际制单位为帕斯卡,简称帕,符号是 Pa。在地面气象观测中,气压目前使用的单位是百帕,用符号"hPa"表示。测量气压的仪器有硅电容式数字气压传感器、振弦式气压传感器、振筒式气压传感器。目前国家级自动气象站中使用的是硅电容式数字气压传感器。

6.2.1　工作原理

硅电容式数字气压传感器的感应元件是电容式硅膜盒,其结构原理见图 6.1。当外界气压发生变化时,单晶硅膜盒的弹性膜片发生形变,进而引起硅膜盒平行电容器电容量的改变,通过测量电容量来计算本站气压。当气压增大时,单晶硅膜盒的弹

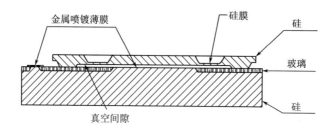

图 6.1　硅电容式数字气压传感器原理图

性膜片向下弯曲,电容增大;当气压减小时,单晶硅膜盒的弹性膜片向上弯曲,电容减小。

压力测量电路是由电阻器、电容器和 RC 震荡电路模块组成的 RC 振荡器构成。为进一步提高测量性能,有些气压传感器还提供温度补偿功能。

6.2.2　技术参数

地面自动气象站常用的气压传感器技术参数见表 6.1,外形结构见图 6.2～图 6.4。

表 6.1　气压传感器技术参数表

型号		PTB330	PTB210	DYC1	HYPTB210
生产厂家		芬兰维萨拉公司	芬兰维萨拉公司	江苏省无线电科学研究所有限公司(引进芬兰维萨拉公司产品)	华云升达(北京)气象科技有限责任公司(引进芬兰维萨拉公司产品)
应用的自动站型号		DZZ1.2、DZZ6	DZZ3	DZZ4	DZZ5
测量性能	测量范围	500～1100 hPa	500～1100 hPa	500～1100 hPa	500～1100 hPa
	分辨力	0.01 hPa	0.01 hPa	0.01 hPa	0.01 hPa
	最大允许误差	±0.25 hPa	±0.25 hPa	±0.25 hPa	±0.25 hPa
	时间常数	300 ms	300 ms	300 ms	300 ms
电气性能	输出信号	RS232C	RS232C	RS232C	RS232C
	额定电压	DC12 V	DC12 V	DC12 V	DC12 V
	功耗	360 mW	180 mW	360 mW	180 mW
环境适应性	工作温度范围	−40～+60 ℃	−40～+60 ℃	−40～+60 ℃	−40～+60 ℃
物理参数	外形尺寸	145 mm×120 mm×76 mm	139 mm×60 mm×32 mm	143mm×118 mm×75 mm	139 mm×60 mm×32 mm
	重量	1000 g	138 g	1000 g	138 g

6.2.3　安装要求

气压传感器安装于主采集箱内,通过 RS-232 串口与主采集器连接,在安装和使用过程中应注意避免阻塞静压管。

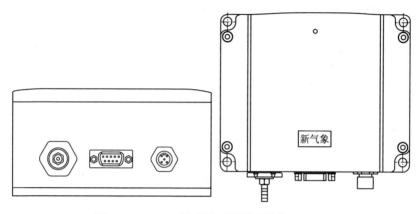

图 6.2　DYC1 型气压传感器外形结构示意图

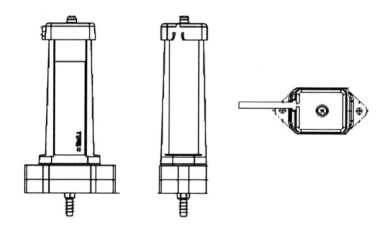

图 6.3　PTB210、HYPTB210 型气压传感器外形结构示意图

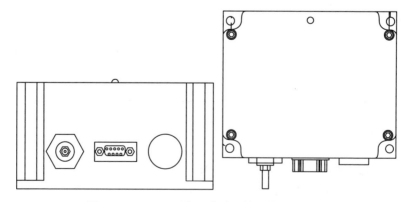

图 6.4　PTB330 型气压传感器外形结构示意图

6.2.4　检测与维修

气压传感器的常见故障为数据异常或缺测,首先检查业务软件和采集器的相关参数设置,再检查线缆、传感器、采集器等方面来排除故障。

(1)参数检查

① 确认业务软件参数设置正确;

② 确认主采集器中启用了气压传感器:

输入 SENST　P ↵

若返回值为 1,表示开启;

若返回值为 0,表示关闭,输入 SENST　P　1 ↵,将其启用(P 为气压传感器标识符)。

(2)供电检查

① 若气压传感器有工作状态指示灯,则观察指示灯是否常亮。

② 测量主采集器气压通道的供电电压,正常应为 DC12 V 左右。

(3)线缆检查

① 检查主采集器气压通道上的端子接线有无错接,接线是否松动,端子是否损坏。

② 对于 DYC1 型和 PTB330 型气压传感器,还应检查连接气压传感器和主采集器的串口线是否故障。

(4)传感器检查

用串口线直连计算机和气压传感器的串口,给传感器加电,在计算机端发送测试指令,根据返回信息判断传感器是否正常。

DYC1 型和 PTB330 型气压传感器的串口默认参数:波特率 2400、数据位 8、停止位 1、校验位 N。

通过串口发送命令

P ↵

HYPTB210 和 PTB210 型气压传感器的串口默认参数:波特率 9600、数据位 8、停止位 1、校验位 N。

通过串口发送命令

.P ↵

若能返回正确的气压值,则表示气压传感器正常,否则故障。

(5)主采集器检查

若参数、供电、线缆、传感器均正常,应重点检查主采集器的气压通道是否正常。

6.2.5　日常维护

（1）安装或更换气压传感器应在断电状态下进行。

（2）气压传感器应避免阳光的直接照射和风的直接吹拂。

（3）安装好的气压传感器要保持静压气孔口畅通，以便正确感应外界大气压力。

（4）配有静压管的气压传感器要定期查看静压管有无堵塞、进水，发现静压管有异物或破损时应及时处理或更换。

（5）使用带干燥剂静压管的传感器，要定期检查干燥剂颜色，若潮湿变色应及时更换。

（6）按业务要求定期进行校准。

6.3　实验作业

（1）气压传感器是如何工作的？

（2）气压传感器需要满足哪些技术要求？

（3）如何安装气压传感器？

（4）气压传感器有哪些常见故障？应如何检测与维修？

（5）气压传感器的日常维护需要注意什么？

实验 7　风向传感器

7.1　实验目的

(1)了解风向传感器的工作原理;

(2)了解风向传感器的基本参数;

(3)掌握风向传感器的安装要求;

(4)学会风向传感器常见故障的检测与维修方法;

(5)学会风向传感器的日常维护方法。

7.2　实验内容

风向是指空气水平流动的来向,其单位为"度",符号为"°"。风向以正北为 $0°$,顺时针旋转方向进行 $0°\sim360°$ 的风向度量。测量风向的仪器有光电格雷码式风向传感器、霍尔效应电磁式风向传感器、电阻式风向传感器、超声波式风向传感器等。目前地面自动气象站中测量风向主要使用的是光电格雷码式风向传感器。

7.2.1　工作原理

光电格雷码式风向传感器利用一个低惯性的风向标部件作为感应部件,有风时风向标部件随风旋转,带动转轴下端的风向码盘一同旋转,每转动 $2.8125°$,位于光电器件支架上下两边的七位光电变换电路就输出一组新的七位并行格雷码,经整形电路整形并反相后输出。七位格雷码盘由七个等分的同心圆组成,相邻部分作透光与不透光处理,码盘的上面装有 7 个红外发光二极管,下面对应有 7 个光敏管,中间正对 7 个码道。

格雷码计数的特点是两个相邻码有且仅有一位数字不同,这样能很方便地表示出风向的微小变化,有助于消除乱码,可靠性非常高。

传感器信号输出格式为格雷码,其输入、输出端均采用瞬变抑制二极管进行过载保护。

光电格雷码式风向传感器的工作原理图见图 7.1。

风向角度和七位格雷码对照表见表 7.1。

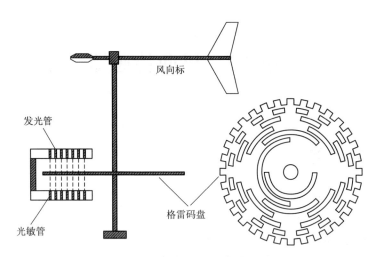

图 7.1 光电格雷码式风向传感器原理示意图

表 7.1 风向角度和七位格雷码对照表

角度(°)	格雷码	角度(°)	格雷码	角度(°)	格雷码	角度(°)	格雷码
0(N)	0000000	90(E)	0110000	180(S)	1100000	270(W)	1010000
3	0000001	93	0110001	183	1100001	273	1010001
6	0000011	96	0110011	186	1100011	276	1010011
8	0000010	98	0110010	188	1100010	278	1010010
11	0000110	101	0110110	191	1100110	281	1010110
14	0000111	104	0110111	194	1100111	284	1010111
17	0000101	107	0110101	197	1100101	287	1010101
20	0000100	110	0110100	200	1100100	290	1010100
23	0001100	112	0111100	203	1101100	293	1011100
25	0001101	115	0111101	205	1101101	295	1011101
28	0001111	118	0111111	208	1101111	298	1011111
31	0001110	121	0111110	211	1101110	301	1011110
34	0001010	124	0111010	214	1101010	304	1011010
37	0001011	127	0111011	217	1101011	307	1011011
39	0001001	129	0111001	219	1101001	309	1011001
42	0001000	132	0111000	222	1101000	312	1011000
45	0011000	135	0101000	225	1111000	315	1001000
48	0011001	138	0101001	228	1111001	318	1001001
51	0011011	141	0101011	231	1111011	321	1001011
53	0011010	143	0101010	233	1111010	323	1001010

角度(°)	格雷码	角度(°)	格雷码	角度(°)	格雷码	角度(°)	格雷码
56	0011110	146	0101110	236	1111110	326	1001110
59	0011111	149	0101111	239	1111111	329	1001111
62	0011101	152	0101101	242	1111101	332	1001101
65	0011100	155	0101100	245	1111100	335	1001100
68	0010100	158	0100100	248	1110100	338	1000100
70	0010101	160	0100101	250	1110101	340	1000101
73	0010111	163	0100111	253	1110111	343	1000111
76	0010110	166	0100110	256	1110110	346	1000110
79	0010010	169	0100010	259	1110010	349	1000010
82	0010011	172	0100011	262	1110011	352	1000011
84	0010001	174	0100001	264	1110001	354	1000001
87	0010000	177	0100000	267	1110000	357	1000000

7.2.2 技术参数

目前国家级自动气象站使用的风向传感器主要有 EL15.2C 型和 ZQZ-TFX 型两种型号,其技术参数见表 7.2,外形结构见图 7.2、图 7.3。

表 7.2 风向传感器技术参数表

型号		EL15.2C 型	ZQZ-TFX 型
生产厂家		中环天仪(天津)气象仪器有限公司	江苏省无线电科学研究所有限公司
应用的自动站型号		DZZ3、DZZ5、DZZ6、DZZ1.2	DZZ4
测量性能	测量范围	0°~360°	0°~360°
	最大允许误差	±5°	±3°
	分辨力	2.8125°	2.8125°
	启动风速	≤0.3 m/s	≤0.5 m/s
电气性能	供电电源	5.15 V DC	5 V DC
	功耗	<0.3 W	<0.3 W
	输出信号	七位格雷码	七位格雷码
环境适应性	抗风强度	75 m/s(通用型) 90 m/s(强风型)	75 m/s(通用型) 90 m/s(强风型)
	工作温度	−40~+60 ℃	−50~+60 ℃
	工作湿度	0~100%RH	0~100%RH

型号		EL15.2C 型	ZQZ-TFX 型
物理参数	尺寸	550 mm×415 mm	高度 349 mm
	最大回转半径	425 mm	395 mm(普通型) 370 mm(强风型)
	重量	1.8 kg	0.95 kg

1. 风向标部件

2. 壳体

3. 插座

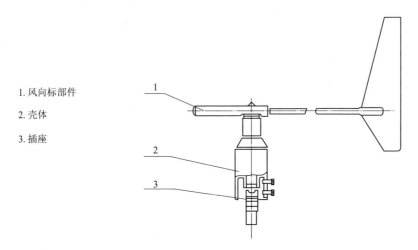

图 7.2　EL15.2C 风向传感器外形结构图

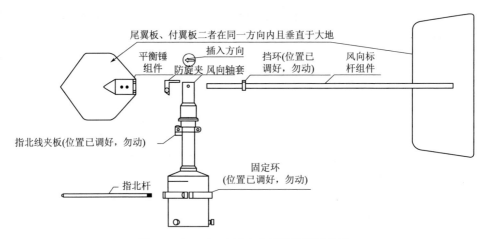

图 7.3　ZQZ-TFX 风向传感器外形结构图

7.2.3 安装要求

组装好的风向传感器安装在风横臂上,传感器中轴应垂直,方位指向正北(误差在±5°以内)。

风横臂按南北向架设在牢固的风塔(杆)上,风向标中心距地高度 10~12 m。

风横臂应安装水平,风向传感器在北侧。

7.2.4 检测与维修

风向传感器的常见故障为数据异常或缺测,首先检查业务软件和采集器的相关参数设置,再检查线缆、传感器、采集器等方面来排除故障。

(1)参数检查

① 确认业务软件参数设置正确;

② 确认主采集器中启用了风向传感器。

输入 SENST WD ↵

若返回值为 1,表示开启;

若返回值为 0,表示关闭,输入 SENST WD 1 ↵,将其启用(WD 为风向传感器标识符)。

(2)供电检查

风向、风速传感器共用一根线缆并由主采集器供电。如果风向、风速均无数据,则优先考虑供电故障。可用万用表依次测量从风向传感器到主采集器的各个电压节点是否为 5V 左右,测量接地是否正常,风向传感器连接示意图见图 7.4、图 7.5。

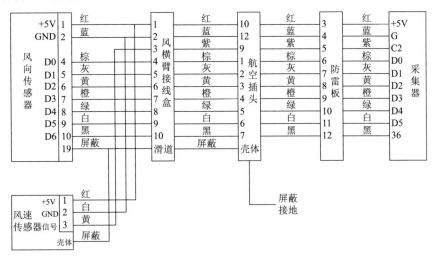

图 7.4 EL15.2C 型风向传感器连接示意图

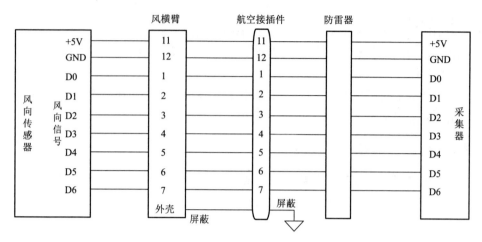

图 7.5　ZQZ-TFX 型风向传感器连接示意图

（3）线缆检查

① 检查各线缆插头是否牢固，有无脱落或松动。

② 可用万用表依次测量风向传感器到主采集器风向信号各节点的通断，检查是否有短路或断路故障。

（4）传感器检查

风向数据明显异常或缺测时，有可能是风向传感器损坏引起的，检查时应先进行外观检查，若风向标明显变形或转动不灵活，应先更换传感器。

当传感器外观无明显异常时，可使用测量的方法确定传感器是否故障。先将风向标固定，在电源供电正常的情况下，依次测量格雷码信号 D0～D6（或其对应各节点）的电压值，电压在 4.5～5 V 之间为高电平 1，在 0～0.7 V 之间为低电平 0，然后按从 D6 到 D0 的顺序（D6 为首位，D0 为末位）记录下 7 位格雷码，从表 7.1 中查出此格雷码所对应的方位。通过与实际方位对比，确定传感器是否故障。

（5）主采集器检查

若参数设置、线缆、供电、传感器均正常，应重点检查主采集器的风向信号测量通道是否正常。

7.2.5　日常维护

（1）日常维护主要是保持风向标不变形，检查轴承转动是否灵活。

（2）台风、冰雹、冻雨等恶劣天气可能会造成风标板或轴承变形，致使传感器转动不灵活，强低温雨雪天气可能会使风传感器冻结。

（3）出现强低温雨雪天气时，要密切观察传感器工作情况，发现异常（例如风向长时间在一个方位稳定不变或少变），应及时处理，避免长时间数据缺测或超差。

　　(4)注意观察风向标(风杯)、轴承转动是否灵活、平稳,当轴承转动不灵活或有阻滞时需清除转动部件与静止部件缝隙间的污垢,或更换传感器。

　　(5)因长期使用造成轴承磨损影响性能时,应送检送修。

　　(6)每年定期维护一次风向传感器,检查、校准风向标指北方位,当风向传感器指北标识模糊时,可用油性笔重新标示。

　　(7)定期检查风线缆接头,必要时更换防水胶布。

　　(8)按业务要求定期进行校准。

7.3　实验作业

　　(1)气压传感器是如何工作的?

　　(2)气压传感器需要满足哪些技术要求?

　　(3)如何安装气压传感器?

　　(4)气压传感器有哪些常见故障? 应如何检测与维修?

　　(5)气压传感器的日常维护需要注意什么?

实验 8　风速传感器

8.1　实验目的

(1)了解风速传感器的工作原理;
(2)了解风速传感器的基本参数;
(3)掌握风速传感器的安装要求;
(4)学会风速传感器常见故障的检测与维修方法;
(5)学会风速传感器的日常维护方法。

8.2　实验内容

风速即空气的流动速度,地面气象观测中特指空气的水平流动速度,单位为"米每秒",以符号"m/s"表示。测量风速的仪器有光电式风速传感器、霍尔效应电磁式风速传感器、螺旋桨式风速传感器、超声波式风速传感器等。目前地面自动气象站中测量风速主要使用的是光电式风速传感器和霍尔效应电磁式风速传感器。

8.2.1　工作原理

光电式风速传感器采用光电技术:其信号发生器包括截光盘和光电转换器。风杯转动时,通过主轴带动截光盘旋转,光电转换器进行光电扫描产生相应的脉冲信号。在风速测量范围内,风速与脉冲频率成一定的线性关系。

其线性方程为:$V = 0.2315 + 0.0495\,F$

式中:V 为风速,单位为 m/s;F 为脉冲频率,单位为 Hz。

霍尔效应风速传感器采用电磁感应技术:其信号发生器采用霍尔开关电路,内有 36 只磁体,上下两两相对。风杯转动时,通过主轴带动磁棒盘旋转,18 对磁体形成 18 个小磁场。风杯每旋转一圈,在霍尔开关电路中就感应出 18 个脉冲信号。

在风速测量范围内,风速与脉冲频率成一定的线性关系。

其线性方程为:$V = 0.1\,F$

式中,V 为风速,单位:m/s;F 为脉冲频率,单位:Hz。

8.2.2　技术参数

目前国家级自动气象站使用的风速传感器主要有 EL15-1C(S)型和 ZQZ-TFS 型两种型号,其技术参数见表 8.1,外形结构见图 8.1 和图 8.2。

表 8.1　风速传感器技术参数表

型号		EL15-1C 型	EL15-1CS 型 (强风型)	ZQZ-TFS 型	ZQZ-TFS(强风)型
生产厂家		中环天仪(天津) 气象仪器有限公司	中环天仪(天津) 气象仪器有限公司	江苏省无线电科学 研究所有限公司	江苏省无线电科学 研究所有限公司
应用的自动站型号		DZZ1.2、DZZ3、 DZZ5、DZZ6	DZZ1.2、DZZ3、 DZZ5、DZZ6	DZZ4	DZZ4
测量 性能	测量范围	0~60 m/s	0~75 m/s	0~75 m/s	0~100 m/s
	最大 允许误差	±0.3 m/s (≤10 m/s) ±3%(>10 m/s)	±1.0 m/s (≤20 m/s) ±5%(>20 m/s)	±(0.3+ 0.02 v) m/s	±(0.3+ 0.03 v) m/s
	分辨力	0.05 m/s	0.05 m/s	0.1 m/s	0.1 m/s
	起动风速	≤0.3 m/s	≤0.5 m/s	≤0.5 m/s	≤0.9 m/s
	测量原理	光电式	光电式	电磁式	电磁式
电气 性能	供电电源	5.15 V DC	5.15 V DC	5 V DC	5 V DC
	功耗	50 mW	50 mW	265 mW	265 mW
	输出信号	频率	频率	频率	频率
环境 适应 性	抗风强度	≥75 m/s	≥75 m/s	≥75 m/s	≥90 m/s
	工作温度	−40~60 ℃	−50~60 ℃	−50~+60 ℃	−50~+60 ℃
	工作湿度	0~100% RH	0~100% RH	0~100% RH	0~100% RH
物理 参数	尺寸	319 mm×225 mm	319 mm×225 mm	高度 267 mm	高度 267 mm
	回转半径	160 mm	160 mm	113 mm	113 mm
	重量	1 kg	1 kg	650 g	650 g

8.2.3　安装要求

同风向传感器,参见 7.2.3。

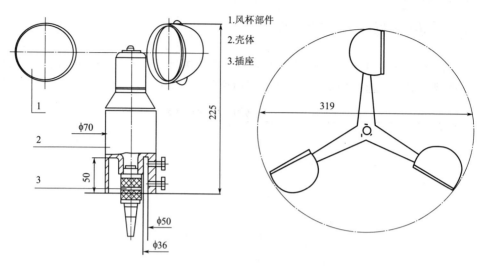

图 8.1　EL15-1C(S)型风速传感器外形结构(mm)

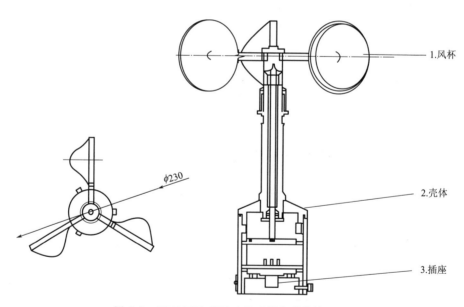

图 8.2　ZQZ-TFS型风速传感器外形结构(mm)

8.2.4　检测及维修

风速传感器的常见故障为数据异常或缺测,首先检查业务软件和采集器的相关参数设置,再检查线缆、传感器、采集器等方面来排除故障。

（1）参数检查

① 确认业务软件参数设置正确；

② 确认主采集器中启用了风速传感器。

输入 SENST　WS ⏎

若返回值为 1，表示开启；

若返回值为 0，表示关闭，输入 SENST　WS　1 ⏎，将其启用（WS 为风速传感器标识符）。

（2）供电检查

风向风速传感器共用一根线缆并由主采集器供电。如果风速风向均无数据，则优先考虑供电故障。

可用万用表依次测量风速传感器到主采集器的各个电压节点是否为 5V 左右，测量接地是否正常，风速传感器连接示意图见图 8.3 和图 8.4。

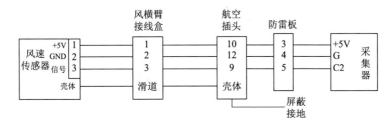

图 8.3　EL15-1C 型风速传感器连接示意图

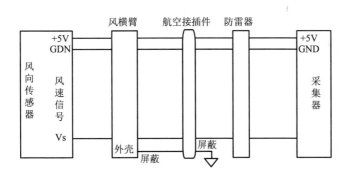

图 8.4　ZQZ-TFS 型风速传感器连接示意图（GDN）

（3）线缆检查

① 检查各线缆插头是否牢固，有无脱落或松动。

② 用万用表依次测量风速传感器到主采集器风速信号各节点的通断，检查是否有短路或断路故障。

（4）传感器检查

风速数据明显异常或缺测时,有可能是风速传感器损坏引起的,检查时应先进行外观检查,若风杯明显变形或转动不灵活,应先更换传感器。

当传感器外观无明显异常时,可使用测量的方法确定传感器是否故障。在电源供电正常的情况下,测量风速输出信号的电压值,风杯静止时电压值应为 0.7 V 或 4.5 V 左右;风杯转动时,电压值应为 2.5 V 左右。如果电压示值与转动情况不符,说明传感器故障。

还可以用万用表的频率(Hz)档直接测量风速的输出频率,根据用风速—频率线性公式计算出的风速值判断传感器是否正常(表 8.2)。

有条件的台站也可以通过示波器查看传感器的输出波形特征来判断传感器的性能好坏。

表 8.2　EL15-1C 型风速传感器风速—频率对应表

风速值(m/s)	0.3	0.5	1	1.5	2	5	10	15	20	25	30	35	40	50	60
频率(Hz)	0-1	4	14	25	35	96	198	300	402	504	606	708	811	1016	1221

注:ZQZ-TFS 型风速传感器风速—频率对应关系为 $V=0.1F$,可直接计算。

(5)主采集器检查

若参数设置、线缆、供电、传感器均正常,应重点检查主采集器的风速信号测量通道是否正常。

8.2.5　日常维护

同风向传感器的日常维护,参见 7.2.5。

8.3　实验作业

(1)风速传感器是如何工作的?

(2)风速传感器需要满足哪些技术要求?

(3)如何安装风速传感器?

(4)风速传感器有哪些常见故障? 应如何检测与维修?

(5)风速传感器的日常维护需要注意什么?

实验 9　翻斗式雨量传感器

9.1　实验目的

(1)了解翻斗式雨量传感器的工作原理;

(2)了解翻斗式雨量传感器的基本参数;

(3)掌握翻斗式雨量传感器的安装要求;

(4)学会翻斗式雨量传感器常见故障的检测与维修方法;

(5)学会翻斗式雨量传感器的日常维护方法。

9.2　实验内容

降水是指从天空降落到地面上的液态和固态(经融化后)的水。降水量是指某一时段内的未经蒸发、渗透、流失的降水,在水平面上积累的深度,以毫米(mm)为单位。常用测量液态降水的仪器有翻斗式雨量传感器、虹吸式雨量传感器和双阀容栅式雨量传感器等。目前国家地面气象站使用的是双翻斗式雨量传感器。

9.2.1　工作原理

双翻斗式雨量传感器由承水器(常用口径为 200 mm)、上翻斗、汇集漏斗、计量翻斗、计数翻斗和干簧管等组成。

承雨器收集的降水通过漏斗进入上翻斗,当雨水积到一定量时,由于水本身重力作用使上翻斗翻转,水进入汇集漏斗。降水从汇集漏斗的节流管注入计量翻斗时,把不同强度的自然降水,调节为比较均匀的降水强度,以减少由于降水强度不同所造成的测量误差。当计量翻斗承受的降水量为 0.1 mm 时,计量翻斗把降水倾倒到计数翻斗,使计数翻斗翻转一次。计数翻斗在翻转时,与它相关的磁钢对干簧管扫描一次。干簧管因磁化而瞬间闭合一次。这样,降水量每次达到 0.1 mm 时,送出一个开关信号,采集器自动对该信号进行采集存储。

9.2.2　技术参数

地面自动气象站常用的翻斗式雨量传感器技术参数见表 9.1,外形结构见图 9.1。

表 9.1　雨量传感器技术参数表

型号		SL3.1
生产厂家		上海气象仪器厂
应用的自动站型号		DZZ1.2、DZZ3、DZZ4、DZZ5、DZZ6
测量性能	测量范围	0～4 mm/min
	最大允许误差	±0.4 mm（降水量≤10 mm） ±4%（降水量>10 mm）
	分辨力	0.1 mm
	刃口角度	40°～45°
	承水口径	200 mm
电气性能	输出信号	开关信号
环境适应性	工作温度	0～50 ℃
物理参数	尺寸	260 mm×545 mm
	重量	4.1 kg

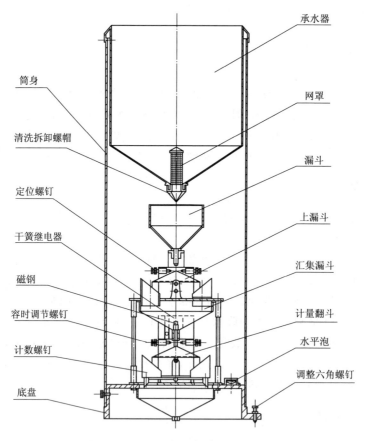

图 9.1　双翻斗式雨量传感器外形结构图

9.2.3　安装要求

(1)双翻斗式雨量传感器口缘距地高度不低于 70cm。

(2)安装时应调节传感器底座使水平泡在中心圆圈内。

(3)信号线接入接线柱时应注意旋紧时用力不要过大,以免接线柱背面的焊片跟转而损坏干簧管。

(4)安装不锈钢外筒前要将所有雨量翻斗拨到同一个方向,并保证承水器口水平。

9.2.4　检测与维修

雨量传感器的常见故障为数据异常或缺测,首先检查业务软件和采集器的相关参数设置,再检查线缆、传感器、采集器等方面来排除故障。

(1)参数检查

① 确认业务软件参数设置正确;

② 确认主采集器中启用了雨量传感器。

输入 SENST　RAT ↵

若返回值为 1,表示开启;

若返回值为 0,表示关闭,输入 SENST　RAT　1 ↵,将其启用(RAT 为翻斗式雨量传感器标识符)。

(2)线缆检查

雨量传感器输出的脉冲信号通过两根线缆接入主采集器的雨量通道。

雨量传感器连接示意图见图 9.2。

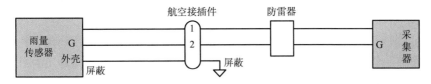

图 9.2　雨量传感器连接示意图

① 检查各线缆插头是否牢固,有无脱落或松动。

② 在雨量传感器与主采集器正常连接的情况下,将主采集器断电,用万用表通断档测量主采集器雨量通道上的接线端子,正常情况下应无短路提示音,如有提示音,说明线缆或雨量通道的接线端子短路。

③ 主采集器断电,将雨量传感器上的两根信号线接至同一接线柱(红或黑),用万用表通断档测量主采集器雨量通道上的接线端子,正常情况下应有短路提示音,如果没有,说明线缆或雨量通道的接线端子断路。

（3）传感器检查

① 检查各翻斗的翻转灵活性，排除机械部件故障。

② 翻转计数翻斗（不能碰触翻斗内壁），用万用表的通断档测量雨量传感器红、黑接线柱的输出信号。每翻转一次，万用表应发出一声短路提示音。否则，说明干簧管故障，需更换干簧管或传感器。

（4）主采集器检查

① 主采集器断电，拔下雨量通道上的端子。用万用表通断档测量主采集器雨量通道的输入信号和信号地，如果短路说明雨量通道故障，需更换主采集器。

② 主采集器通电，在业务软件中将其设为维护状态，把主采集器雨量通道的输入信号与信号地一分钟内短接数次，然后用分钟查询命令查看雨量返回值，若无返回值，说明雨量通道故障，需更换主采集器。

9.2.5　日常维护

（1）翻斗式雨量传感器维护期间，应将信号线从传感器上拆下，避免翻斗误翻产生多余的雨量数据。

（2）定期检查雨量传感器的器身是否稳定，定期使用水平尺和游标卡尺检测器口是否水平、有无变形。

（3）定期检查传感器底盘上的水平泡，调整底盘水平。

（4）巡视时，检查承水器，清除内部进入的杂物，检查过滤网罩，防止异物堵塞进水口。

（5）定期检查翻斗翻转的灵活性。发现有阻滞感，应检查翻斗轴向工作游隙是否正常、轴承副（成对使用，装在同一根轴上的两个轴承）是否有微小的尘沙、翻斗轴是否变形或磨损，可用清水进行清洗或更换轴承。切勿给轴承加油，以免粘上尘土使轴承磨损。

（6）定期检查和清除漏斗、翻斗和出水口沉积的泥沙，保证流水畅通，计量准确，可用干净的脱脂毛笔刷洗。翻斗内壁切勿用手触摸，以免沾上油污影响翻斗计量准确性。

（7）结冰期要停用翻斗式雨量传感器的台站，在停用时将承水器加盖，断开信号线，启用前接回信号线，将盖打开。

（8）维护中应避免碰撞承水器的器口，防止器口变形而影响测量准确性。

（9）按业务要求定期进行校准。

9.3　实验作业

（1）翻斗式雨量传感器是如何工作的？

(2)翻斗式雨量传感器需要满足哪些技术要求?

(3)如何安装翻斗式雨量传感器?

(4)翻斗式雨量传感器有哪些常见故障? 应如何检测与维修?

(5)翻斗式雨量传感器的日常维护需要注意什么?

实验 10 地温传感器

10.1 实验目的

(1)了解地温传感器的工作原理;

(2)了解地温传感器的基本参数;

(3)掌握地温传感器的安装要求;

(4)学会地温传感器常见故障的检测与维修方法;

(5)学会地温传感器的日常维护方法。

10.2 实验内容

下垫面温度和不同深度的土壤温度统称地温。下垫面温度包括裸露土壤表面的地面温度、草面温度;不同深度的土壤温度又统称地中温度,主要包括离地面 5 cm、10 cm、15 cm、20 cm 深度的浅层地温及离地面 40 cm、80 cm、160 cm、320 cm 深度的深层地温。常用的地温单位是摄氏度,符号为 ℃。地温观测主要使用金属电阻式传感器、玻璃液体温度表等。目前地面自动气象站中测量地温主要使用的是铂电阻温度传感器。

10.2.1 工作原理

同气温传感器,参见 4.2.1。

10.2.2 技术参数

地面自动气象站常用的地温传感器常用技术参数见表 10.1。

表 10.1 地温传感器技术参数表

型号	PT100 型	WZP1 型	ZQZ-TW 型	HYA-T 型
生产厂家	广东省气象计算机应用开发研究所	中环天仪(天津)气象仪器有限公司	江苏省无线电科学研究所有限公司	华云升达(北京)气象科技有限责任公司
应用的自动站型号	DZZ1.2	DZZ3、DZZ6	DZZ4	DZZ5

型号		PT100 型	WZP1 型	ZQZ-TW 型	HYA-T 型
测量性能	测量范围	−50～+100 ℃	−50～+80 ℃	−50～+80 ℃	−50～+80 ℃
	分辨力	0.1 ℃	0.1 ℃	0.1 ℃	0.1 ℃
	地面温度最大允许误差	±0.2 ℃	±0.2 ℃	±0.2 ℃	±0.2 ℃
	浅层地温最大允许误差	±0.2 ℃	±0.3 ℃	±0.2 ℃	±0.3 ℃
	深层地温最大允许误差	±0.2 ℃	±0.3 ℃	±0.2 ℃	±0.3 ℃
	输出信号	四线制	四线制	四线制	四线制
	时间常数	≤20 s	≤20 s	≤20 s	≤20 s
环境适应性	工作温度	−50～+80 ℃	−50～+80 ℃	−50～+80 ℃	−50～+80 ℃
物理参数	尺寸	长 80 mm 直径 6 mm	长 150 mm 直径 6 mm	长 60 mm 直径 6 mm	长 130 mm 直径 5 mm
	重量	144 g (4 m 线)	560 g (20 m 线)	780 g (20 m 线)	300 g (7 m 线)

10.2.3　安装要求

地温传感器安装布设时应保证位于地温观测场东西中心线上(南北中心线:与两条长边平行的中轴线,成东西向。东西中心线:与两条短边平行的中轴线,成南北向)。

(1)地面温度和浅层地温传感器

地面温度传感器和浅层地温传感器安装在观测场西南面的裸地上,场地尺寸为 2 m×4 m,地表疏松、平整、无草,并与观测场地面齐平。

传感器使用"⊥"型支架安置,感应部分朝南;支架的零标志线要与地面齐平(图 10.1)。地面温度传感器一半埋入土中,一半露出地面,埋入土中部分必须与土壤密贴,不可留有空隙,露出地面部分应保持干净。

(2)深层地温传感器

深层地温传感器安设在观测场东南面,场地尺寸为 3 m×4 m,地面平坦、保持自然状态。传感器头部向下安置在地温套管内,自东向西、由浅而深、间隔 0.5 m 排成一行。深层地温传感器的组装示意图见图 10.2。

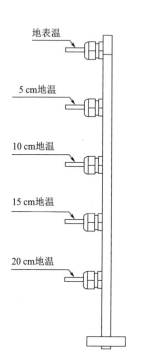

图 10.1　浅层地温支架

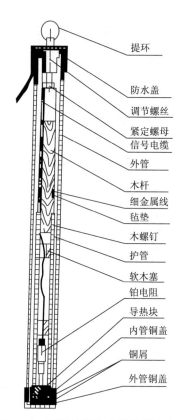

图 10.2　深层地温传感器组装示意图

（3）草面温度传感器

草温传感器安装在地温观测场西侧，草地面积约 1 m²，使用"⊥"型草温支架安装在距地 6 cm 处，与地面平行。

10.2.4　检测与维修

地温传感器的常见故障为数据异常或缺测，首先检查业务软件和采集器的相关参数设置，再检查线缆、传感器、采集器等方面来排除故障。

（1）参数检查

① 确认业务软件参数设置正确；

② 确认主采集器中启用了地温传感器。

以地面温度传感器为例，

输入 SENST　ST0　↵

若返回值为 1，表示开启；

若返回值为 0，表示关闭，输入 SENST　ST0　1　↵，将其启用（ST0 为地温传感器标识符,各层地温传感器标识符见表 10.2)。

表 10.2 地温传感器标识符表

传感器	草温	地温	5 cm	10 cm	15 cm	20 cm	40 cm	80 cm	160 cm	320 cm
标识符	TG	ST0	ST1	ST2	ST3	ST4	ST5	ST6	ST7	ST8

(2)线缆检查

① 检查各线缆插头是否牢固,有无脱落或松动。

② 依次测量故障地温传感器→地温分采的对应信号节点,测量地温分采→主采集器的 CAN 信号节点,排除断接、短接、错接等故障。

(3)传感器检查

同气温传感器,参见 4.2.4。

(4)地温分采集器检查

若参数、线缆、传感器均正常,应重点检查主采集器的 CAN 通道和地温分采是否正常。

10.2.5 日常维护

(1)地面温度和浅层地温传感器

保持地面疏松、平整、无草;及时耙松板结地表土。查看地面温度传感器和浅层地温传感器的埋设情况,保持地面温度传感器一半埋在土内,一半露出地面,应擦拭沾附在上面的雨露和杂物,浅层地温安装支架的零标志线应与地面齐平。

(2)深层地温传感器

深层地温观测场地面应与观测场地面一致。雨后或融雪后应检查深层地温硬橡胶套管内是否有积水,如有积水应设法将水及时吸干;如套管内经常积水,应进行检修或更换。

(3)草面温度传感器

当草株高度超过 10 cm 时,应及时修剪草层高度。积雪掩埋草层时,应经常巡视草面温度传感器,并使其始终置于积雪表面上。

10.3 实验作业

(1)地温传感器是如何工作的?

(2)地温传感器需要满足哪些技术要求?

(3)如何安装地温传感器?

(4)地温传感器有哪些常见故障?应如何检测与维修?

(5)地温传感器的日常维护需要注意什么?

实验 11　蒸发传感器

11.1　实验目的

(1)了解蒸发传感器的工作原理；

(2)了解蒸发传感器的基本参数；

(3)掌握蒸发传感器的安装要求；

(4)学会蒸发传感器常见故障的检测与维修方法；

(5)学会蒸发传感器的日常维护方法。

11.2　实验内容

蒸发是液态或固态物质转变为气态的过程。自动气象站测定的蒸发量是水面蒸发量，水面蒸发量是指一定口径的蒸发器中，在一定时间间隔内因蒸发而失去的水层深度，以毫米(mm)为单位。测量蒸发的仪器有超声波式蒸发传感器、浮子式蒸发传感器等。目前国家级自动气象站中使用的是超声波式蒸发传感器。

11.2.1　工作原理

超声波式蒸发传感器基于连通器和超声波测距原理，选用高精度超声波探头，根据超声波脉冲发射和返回的时间差来测量水位变化，并转换成电信号输出，计算某一时段的水位变化即得到该时段的蒸发量。

超声波式蒸发传感器和 E-601B 型蒸发器配套使用。整套蒸发测量系统由百叶箱、测量筒、超声波测量探头、连通管、蒸发桶、水圈和溢流桶组成。

11.2.2　技术参数

地面自动气象站常用的蒸发传感器技术参数见表 11.1，外形结构见图 11.1、图 11.2。

表 11.1　蒸发传感器技术参数表

型号		AG2.0 型	WUSH-TV2 型
生产厂家		中环天仪(天津) 气象仪器有限公司	江苏省无线电科学 研究所有限公司
应用的自动站型号		DZZ1.2、DZZ3 DZZ5、DZZ6	DZZ4
测量性能	测量范围	0～100 mm	0～100 mm
	最大允许误差	±0.2 mm(≤10 mm)	±0.2 mm(≤10 mm)
		±2%(>10 mm)	±2%(>10 mm)
	分辨力	0.1 mm	0.1 mm
电气性能	输出信号	4～20 mA	4～20 mA
	供电	DC10～15 V	DC9～15 V
	功耗	≤2 W	≤2 W
环境适应性	工作温度	0～50 ℃	0～60 ℃
物理参数	尺寸	98 mm×138 mm	100 mm×155 mm
	重量	931 g	890 g

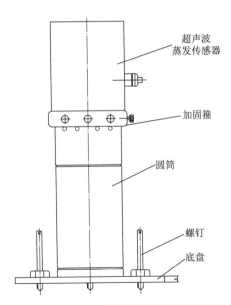

图 11.1　AG2.0 型蒸发传感器外形结构

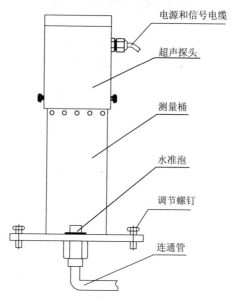

图 11.2　WUSH-TV2 型蒸发传感器外形结构

11.2.3　安装要求

（1）超声波蒸发传感器安置在专用百叶箱内，通过连通管与蒸发器相连。

（2）蒸发桶放入坑内，器口距地 30 cm，并保持水平。

（3）水圈安装时必须与蒸发桶密合，口缘高度低于桶口 5～6 cm。

（4）百叶箱安装在蒸发桶北侧，门朝向南，两者中心相距 3 m。

11.2.4　检测与维修

蒸发传感器的常见故障为数据异常或缺测，首先检查业务软件和采集器的相关参数设置，再检查线缆、传感器、采集器等方面来排除故障。

（1）参数检查

① 确认业务软件参数设置正确；

② 确认主采集器中启用了蒸发传感器。

输入 SENST　LE ⏎

若返回值为 1，表示开启；

返回值为 0，表示关闭，输入 SENST　LE　1 ⏎，将其打开（LE 为蒸发传感器标识符）。

（2）供电检测

用万用表依次测量从蒸发传感器到主采集器电压信号各节点是否为 DC12V，接地是否正常。

（3）线缆检测

检查各线缆插头是否牢固，有无脱落或松动。

用万用表依次测量图 11.3 中从蒸发传感器到主采集器各信号节点的通断，检查是否有短路或断路故障。

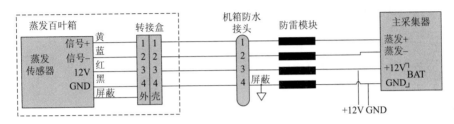

图 11.3　WUSH-TV2 蒸发传感器连接示意图

（4）传感器检测

用万用表测量蒸发传感器的输出信号，电流值应在 4～20 mA 之间。根据所测电流，利用下面公式进行水位计算。

$$Ec = 100 \times (I-4)/(20-4)$$

其中：Ec 为蒸发水位，单位：mm；I 为电流值，单位：mA。

计算得出的水位若与通过输入命令获取的返回值或软件窗口的显示值基本一致，说明传感器正常。

主采集器配置有标准电阻可将蒸发传感器输出的电流信号转换为电压信号，通过测量电压也可以判断蒸发传感器输出信号是否正常。

（5）主采集器蒸发通道检测

用信号模拟器模拟输出 4～20 mA 的电流，检查经主采集器转换后的水位数据应在 0～100 mm 之间。其中 4 mA 对应 0 mm，20 mA 对应 100 mm。

如果数据异常，说明蒸发通道有问题，应更换主采集器。

11.2.5　日常维护

（1）蒸发传感器维护期间，应当暂停蒸发观测，维护完成后，再启动观测，防止因维护操作而引起数据异常。

（2）蒸发桶定期清洗换水，检查清理不锈钢测量筒内的异物，一般每月一次。

（3）蒸发桶内水位过高时，应及时取水，防止溢流；蒸发桶内水位过低时，应及时加水，以免影响测量准确性。

（4）每年在汛期前后（冰冻期较长的地区，在开始使用前和停止使用后），应各检查一次蒸发器的渗漏情况；如果发现问题应进行处理。停用后，把电缆插头拔掉，将传感器探头取出放到室内。

（5）定期检查蒸发器的安装情况，如发现高度不准、不水平等，要及时予以纠正。

（6）超声波蒸发传感器测量精度高，安装尺寸要求非常严格，切勿撞击或用手触摸超声传感器的探头。

11.3　实验作业

（1）蒸发传感器是如何工作的？

（2）蒸发传感器需要满足哪些技术要求？

（3）如何安装蒸发传感器？

（4）蒸发传感器有哪些常见故障？应如何检测与维修？

（5）蒸发传感器的日常维护需要注意什么？

实验 12　能见度传感器

12.1　实验目的

(1)了解能见度传感器的工作原理；

(2)了解能见度传感器的基本参数；

(3)掌握能见度传感器的安装要求；

(4)学会能见度传感器常见故障的检测与维修方法；

(5)学会能见度传感器的日常维护方法。

12.2　实验内容

气象能见度用气象光学视程表示。气象光学视程是指白炽灯发出色温为 2700K 的平行光束的光通量在大气中削弱至初始值的 5％所通过的路途长度。在常规地面气象观测中,一般以米为单位,符号是 m。常用的能见度测量仪器有前向散射式能见度传感器、透射式能见度传感器等。目前地面自动气象站中主要使用的是前向散射式能见度传感器。

12.2.1　工作原理

前向散射式能见度传感器由发射单元、接收单元和数据处理单元组成,采用前向散射法,取前向散射角 25°～45°之间。因前向散射角在 20°～50°之间时,同一散射角的散射强度与消光系数之间的正比关系,不随采样大气浓度和粒径分布的改变而改变。

发射单元的红外发光管发射出近似平行的红外光束(图 12.1),接收单元将采样区内大气前向散射光汇集到接收单元光电传感器的接收面上,并将其转换成与大气能见度成反比关系的电信号。电信号经处理后送至数据处理单元,CPU 对其取样,计算散射光强,由此估算出总的散射量(与仪器结构本身决定的采样角度有关),得到消光系数。

根据柯西米德定律,计算气象光学视程(MOR)

$$MOR = -\ln(\varepsilon)/\sigma$$

式中：ε 为对比阈值，σ 为消光系数。当 ε＝0.05 时，MOR＝2.996/σ。

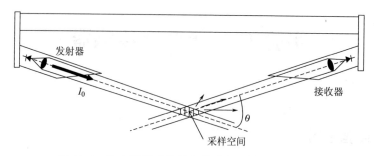

图 12.1　前向散射式能见度传感器工作原理示意图

12.2.2　技术参数

地面自动气象站常用的能见度传感器技术参数见表 12.1，外形结构见图 12.2～图 12.4。

表 12.1　能见度传感器技术参数表

型号		DNQ1 型	DNQ2 型	DNQ3 型
生产厂家		华云升达(北京)气象科技有限责任公司(引进芬兰维萨拉公司产品)	安徽蓝盾光电子股份有限公司	凯迈(洛阳)环测有限公司
应用的自动站型号		DZZ1.2、DZZ3、DZZ4、DZZ5、DZZ6		
测量性能	测量范围	10～35000 m	10～50000 m	10～50000 m
	最大允许误差	±10%(10～10000 m) ±15%(10000～35000 m)	±10%(10～10000 m) ±20%(10000～50000 m)	±10%(10～1500 m) ±20%(1500～50000 m)
	分辨力	1 m	1 m	1 m
	时间常数	60 s	60 s	60 s
电气性能	供电电源(额定)	DC24 V(测量部分) AC220 V(加热部分)	AC220 V	AC220 V
	功耗	不加热时：≤3 W	不加热时：≤3 W	不加热时：≤5 W
		加热时：≤65 W	加热时：≤30 W	加热时：≤330 W
	通信接口	RS-485、RS-232	RS-485、RS-232	RS-485、RS-232
环境适应性	工作温度	−45～+60 ℃	−45～+50 ℃	−45～+50 ℃
	工作湿度	10%～100%RH	10%～100%RH	10%～100%RH
	大气压力	450～1060 hPa	450～1060 hPa	450～1060 hPa

型号	DNQ1 型	DNQ2 型	DNQ3 型
物理参数 传感器部分外形尺寸（高×宽×深）	199 mm×695 mm×404 mm	1560 mm×250 mm×400 mm	1415 mm×306 mm×222 mm
整体外形尺寸（高×宽×深）	1075 mm×715 mm×3020 mm	1560 mm×250 mm×3000 mm	1425 mm×525 mm×3019 mm
传感器部分重量	3 kg	15 kg	15.8 kg
整体重量	45 kg	50 kg	60 kg

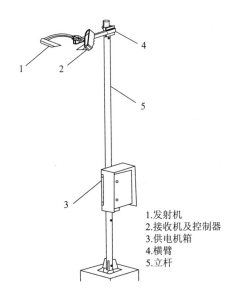

1.发射机
2.接收机及控制器
3.供电机箱
4.横臂
5.立杆

图 12.2　DNQ1 型能见度传感器外形结构

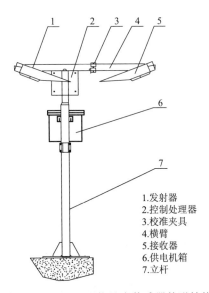

1.发射器
2.控制处理器
3.校准夹具
4.横臂
5.接收器
6.供电机箱
7.立杆

图 12.3　DNQ2 型能见度传感器外形结构

12.2.3　安装要求

（1）前向散射能见度传感器应安装在对周围天气状况最具代表性的地点。远离大型建筑物，远离产生热量及妨碍降雨的设施。建议最小间隔距离为 100 m。

（2）安装地点应该不受干扰光学测量的遮挡物和反射表面的影响，避开闪烁光源、树荫、污染源（比如烟、车辆尾气等）。

（3）前向散射能见度传感器使用立杆安装，采样区中心距地 2.8 米。传感器部分南北安置，接收单元朝北，发射单元朝南，确保太阳光及反射光不会进入接收单元镜头。

（4）安装前向散射能见度传感器时，应保证传感器横臂水平。

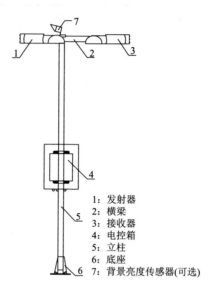

1：发射器
2：横梁
3：接收器
4：电控箱
5：立柱
6：底座
7：背景亮度传感器(可选)

图 12.4　DNQ3 型能见度传感器外形结构

12. 2. 4　检测与维修

能见度传感器的常见故障为数据异常或缺测,首先检查业务软件和采集器的相关参数设置,再检查线缆、传感器、采集器等方面来排除故障。

(1)参数检查

① 确认业务软件参数设置正确;

② 确认主采集器中启用了能见度传感器。

输入 SENST　VI ↲

若返回值为 1,表示开启;

返回值为 0,表示关闭,输入 SENST　VI　1 ↲,将其打开(VI 为蒸发传感器标识符)。

(2)供电检查

测量能见度传感器的供电电压、接地是否正常,排除故障点。

(3)线缆检查

① 检查各线缆插头是否牢固,有无脱落或松动。重新接线或拧紧时,注意关闭设备电源。

② 测量从传感器到主采集器信号线有无短路、断路。

(4)传感器检查

① 检查计算机端通信接口设置是否正确。

② 使用计算机直连传感器串口,检查传感器每分钟主动输出的数据内容及格式是否

正确(数据内容应该均为字母或数字,不应有乱码;当前能见度数值应在量程范围内)。

(5)其他检查

能见度数据异常还有可能是由于发射单元与接收单元间的光路受阻或干扰所致。

① 检查透镜窗口或采样区内有无异物,如树枝、蜘蛛网等,若有则清除。

② 检查发射单元(接收单元)透镜窗口是否被污染。若有则用脱脂棉蘸酒精清洁。

③ 检查周围是否有烟、强反射源等干扰源。

12.2.5　日常维护

(1)每日日出后和日落前巡视能见度传感器,发现透镜窗口(尤其是采样区)有蜘蛛网、鸟窝、灰尘、树枝、树叶等影响数据采集的杂物,应及时清理(可在基座、支架管内放置硫黄,预防蜘蛛)。采用太阳能供电系统的站点,应注意及时清除太阳能板上的灰尘、积雪等。

(2)每月检查供电设施,保证供电安全。每三个月对蓄电池进行一次充放电。

(3)每年春季对防雷设施进行全面检查,复测接地电阻。

(4)每两个月对无人值守的能见度站进行现场检查维护。

(5)为保证测量结果的准确性,传感器透镜应定期清洁,通常可每两个月清洁一次。可根据附近环境情况及天气条件,适当调整清洁周期。污染较重或遇沙尘、降雪等影响能见度观测的天气现象后,应视情况及时清洁。

清洁透镜时,先用酒精浸湿脱脂棉,擦拭透镜,注意不要划伤透镜表面;接着检查遮光罩和透镜表面,确保没有水滴凝结或冰雪覆盖;最后擦除镜头遮光罩、防护罩内外表面的灰尘。

(6)仪器长期工作一段时间后会发生漂移从而影响测量准确性,因此需对能见度传感器定期校准。校准周期一般为 6 个月。

(7)维护过程中,切忌长时间直视发射端镜头,避免损伤眼睛;尽量避免用手电筒等人工光源照射发射端和接收端。

12.3　实验作业

(1)能见度传感器是如何工作的?

(2)能见度传感器需要满足哪些技术要求?

(3)如何安装能见度传感器?

(4)能见度传感器有哪些常见故障?应如何检测与维修?

(5)能见度传感器的日常维护需要注意什么?

实验 13　称重式降水传感器

13.1　实验目的

(1)了解称重式降水传感器的工作原理;

(2)了解称重式降水传感器的基本参数;

(3)掌握称重式降水传感器的安装要求;

(4)学会称重式降水传感器常见故障的检测与维修方法;

(5)学会称重式降水传感器的日常维护方法。

13.2　实验内容

降水是指从天空降落到地面上的液态或固态(经融化后)的水。降水量是指某一时段内的未经蒸发、渗透、流失的降水,在水平面上积累的深度,以毫米(mm)为单位。同时测量液态和固态降水的仪器有压力应变式称重降水传感器、振弦式称重降水传感器、加热翻斗式雨量传感器等。目前国家级自动气象站使用的是压力应变式称重降水传感器和振弦式称重降水传感器。

13.2.1　工作原理

称重式降水传感器通过测量落到盛水桶中降水的质量,根据水的密度换算成降水的体积,再根据承水口面积计算出盛水桶中收集的降水总量。计算相邻两分钟的降水总量的差值即得到分钟降水量。由降水质量换算成降水总量的计算公式如下:

$$P = M/(\rho \cdot S)$$

式中:P 为降水总量;M 为降水总质量;ρ 为水密度;S 为承水口面积。

压力应变称重技术:表面贴有电阻应变片的敏感梁在盛水桶的压力作用下产生弹性变形,电阻应变片也随之产生变形,其阻值将发生相应的变化。通过检测电阻应变片的阻值变化,可以得到盛水桶的质量。

振弦称重技术:弦丝弹性元件的固有频率与其所受的张力存在确定的关系。放置盛水桶的托盘对弦丝产生拉力作用,使其固有频率发生变化,通过激振器使弦丝产

生振荡,用拾振器检测其振荡频率,利用频率—张力的关系,可计算得到盛水桶的
质量。

13.2.2　技术参数

地面自动气象站常用的称重式降水传感器技术参数见表 13.1,外形结构见图
13.1、图 13.2。

表 13.1　称重式降水传感器技术参数表

型号		DSC1	DSC2	DSC3
生产厂家		江苏省无线电科学研究所有限公司	华云升达(北京)气象科技有限责任公司	天津华云天仪特种气象探测技术有限公司
应用的自动站型号		DZZ1.2、DZZ3、DZZ4、DZZ5、DZZ6		
测量性能	承水口内径	200 mm	200 mm	200 mm
	容量	600 mm	400 mm	400 mm
	分辨力	0.1 mm	0.1 mm	0.1 mm
	最大测量误差	±0.3 mm,≤10 mm 时±3%,>10 mm 时	±0.4 mm,≤10 mm 时±4%,>10 mm 时	±0.4 mm,≤10 mm 时±4%,>10 mm 时
	测量原理	压力应变式	振弦式	压力应变式
电气性能	供电电源(额定)	DC12 V	DC12 V	DC12 V
	功耗	<1 W	<1 W	<1 W
	通信接口	RS232、RS485脉冲(通断信号)	RS232、RS485脉冲(通断信号)	RS232、RS485脉冲(通断信号)
环境适应性	工作温度	−45~+60 ℃	−45~+60 ℃	−50~+60 ℃
	储存温度	−45~+80 ℃	−45~+80 ℃	−50~+80 ℃
	相对湿度	5%~100%	5%~100%	5%~100%
	大气压力	450~1060 hPa	450~1060 hPa	450~1060 hPa
	降水强度	≤10 mm/min	≤10 mm/min	≤10 mm/min
	抗风能力	≤75 m/s	≤75 m/s	≤75 m/s
物理参数	外观尺寸(不含基座)	直径 400 mm高 780 mm	直径 400 mm高 780 mm	直径 400 mm高 780 mm

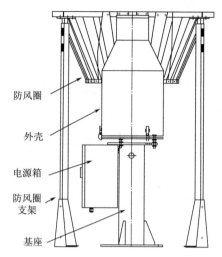

图 13.1　DSC1、DSC3 型称重式降水传感器外形结构

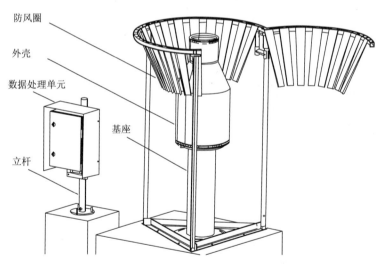

图 13.2　DSC2 型称重式降水传感器外形结构

13.2.3　安装要求

（1）称重式降水传感器应架设在开阔区域，基座必须稳固并保持水平，保证传感器安装在上面不晃动，以免影响测量准确性。

（2）信号电缆应架设在电缆沟内，或埋在地下的电缆管内。

（3）根据各地最低气温的不同，配比添加相应防冻液和防蒸发油。

（4）安装防风圈，应注意传感器在防风圈的中央，防风圈的高度比传感器承水口上边沿高 2 cm。

13.2.4　检测与维修

称重传感器的常见故障为数据异常或缺测,首先检查业务软件和采集器的相关参数设置,再检查线缆、传感器、采集器等方面来排除故障。

(1)参数检查

① 确认业务软件参数设置正确;

② 确认主采集器中启用了称重式降水传感器。

输入 SENST　RAW ↵

若返回值为 1,表示开启;

若返回值为 0,表示关闭,输入 SENST　RAW　1 ↵,将其启用(RAW 为称重式降水传感器标识符)。

(2)供电检查

测量称重式降水传感器的供电电压、接地是否正常,排除故障点。

(3)线缆检查

① 检查各线缆插头是否牢固,有无脱落或松动。重新接线或拧紧时,应关闭设备电源。

② 测量从传感器到主采集器信号线有无短路、断路。

(4)传感器检查

用计算机直连传感器串口,检查传感器每分钟的输出数据内容及格式是否正确(数据内容应该均为字母或数字,不应有乱码;当前降水量及原始质量数值应在量程范围内)。

(5)运行状态检查

检查运行状态指示灯闪烁是否正常。

(6)串口调试

称重式降水传感器可响应操作终端发出的指令,在使用和维护过程中可以从计算机终端给传感器或主采集器发送命令,进行必要的交互式操作。

13.2.5　日常维护

(1)按时检查内筒内液面高度和供电情况。

(2)每日定时进行仪器小清洁,口沿以外的积雪、沙尘等杂物应及时清除,如遇有承水口沿被积雪覆盖,应及时将口沿积雪扫入桶内,口沿以外的积雪及时清除。

(3)每周检查承水口水平、高度。

(4)每次较大降水过程后及时检查盛水桶,防止溢出。

(5)每月检查防雷接地情况。

(6)定期维护盛水桶。

13. 3　实验作业

(1)称重式降水传感器是如何工作的?

(2)称重式降水传感器需要满足哪些技术要求?

(3)如何安装称重式降水传感器?

(4)称重式降水传感器有哪些常见故障? 应如何检测与维修?

(5)称重式降水传感器的日常维护需要注意什么?

实验 14 积雪深度传感器

14.1 实验目的

(1)了解积雪深度传感器的工作原理；

(2)了解积雪深度传感器的基本参数；

(3)掌握积雪深度传感器的安装要求；

(4)学会积雪深度传感器常见故障的检测与维修方法；

(5)学会积雪传感器的日常维护方法。

14.2 实验内容

雪深是指从积雪表面到地面的垂直深度，以厘米为单位，符号为 cm。测量雪深的仪器有超声波式雪深传感器、激光式雪深传感器等。目前地面自动气象站中主要使用的是激光式雪深传感器和超声波式雪深传感器。

14.2.1 工作原理

(1)激光测距技术

采用相位法测距。用无线电波段频率对激光束进行调制，测定调制光往返测线一次所产生的相位延迟；根据调制光的波长，换算此相位延迟所代表的距离。相位法激光测距的原理见图 14.1。

激光往返距离 L 产生的相位延迟为 ϕ，是所经历的 n 个完整波的相位及不足一个波长的分量的相位 $\Delta\phi$ 的和，即：$\phi = 2n\pi + \Delta\phi$。

距离 L 与相位延迟 ϕ 的关系为：

$$L = (c/2) \cdot \phi/(2\pi f)$$

式中：c 为光速；f 为调制激光的频率；ϕ 为激光发射和接收的相位差。

(2)超声波测距技术：

通过测量超声波脉冲发射和返回的时间计算出从传感器探头到目标物的距离，实现雪深的自动连续监测。超声波测距的原理见图 14.2。

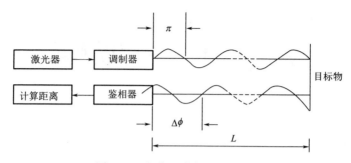

图 14.1　相位法激光测距原理图

其核心测距部件是 50 千赫(超声波)压电传感器,并配置有温度传感器 HY-T 和通风辐射屏蔽罩进行温度补偿,用来弥补声波速率在不同温度下的变化,提高了测量准确性。

温度补偿公式如下:

$$DISTANCE = H_{Reading} \times \sqrt{\frac{T}{273.15}}$$

式中:T 为热力学温度;$H_{Reading}$ 为传感器的测量值,该数值使用 0 ℃时的声速计算(为 331.4 m/s)。

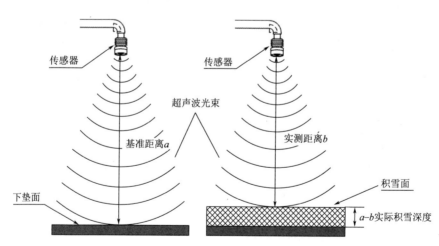

图 14.2　DSJ1 型超声波雪深观测仪测距原理

14.2.2　技术参数

地面自动气象站常用的雪深传感器技术参数见表 14.1,外形结构见图 14.3 和图 14.4。

表 14.1　雪深传感器技术参数表

型号		DSS1 型	DSJ1 型
生产厂家		江苏省无线电科学研究所有限公司	华云升达(北京)气象科技有限责任公司
应用的自动站型号		DZZ1.2、DZZ3、DZZ4、DZZ5、DZZ6	
测量性能	测量范围	0～2000 mm	0～2000 mm
	最大允许误差	±10 mm	±10 mm
	分辨力	1 mm	1 mm
	测量原理	激光测距	超声波测距
电气性能	供电电源(额定)	DC12 V	DC12 V
	功耗	平均功耗:<2 W(DC12 V,不加热时)	1 W
		加热功耗:平均<6 W,瞬时<20 W	—
	输出信号	RS232/RS485	RS232
激光特性	波长	650 nm,红光	—
	等级	CLASS 2	—
	激光功率	<1 mW	—
	波束角	0.07°	—
环境适应性	工作温度	−45～+40 ℃	−45～+50 ℃
	储存温度	−45～+80 ℃	—
	工作湿度	0～100%	0～100%
	大气压力	450～1060 hPa	450～1060 hPa
物理参数	尺寸	346 mm×140 mm×129 mm	直径 101 mm,高 76 mm
	重量	3 kg	0.65 kg

14.2.3　安装要求

(1)观测地段平整、开阔、避风、无杂草,避开排水区、雨(雪)时易被水淹、积雪易堆积和不易堆积的地区。

(2)避开向阳坡,以免融雪过快,地面坡度不大于 5°。

(3)确保立柱要稳固,保证传感器探头不晃动,以免影响测量准确性。

(4)DSJ1 型超声波雪深观测仪基准面为边长 0.9 m 的正方形,中心在立柱西侧 0.6 m 处,超声波测距探头的正下方。

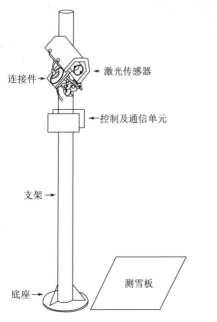

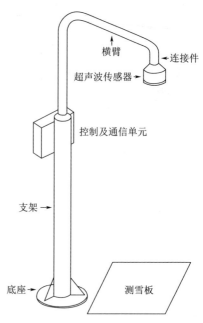

图 14.3　DSS1 型雪深观测仪外形结构　　　图 14.4　DSJ1 型雪深观测仪外形结构

（5）DSJ1 型超声波雪深观测仪，需要将 HY-T 铂电阻温度传感器置于通风防辐射罩中部偏上部位，如果不接温度传感器，雪深采集器无法进行温度修正，就不会输出雪深。

（6）DSS1 型雪深观测仪探头向西，调整传感器测量角度，使垂直倾角在 10°～30°，保证测量路径上无任何遮挡。

（7）DSS1 型雪深观测仪需要将基准块置于测雪板的凹槽内，调节测雪板高度，使测雪板与地面齐平，探头红色激光点能照射在测雪板中心的测雪基准块上。

14.2.4　检测与维修

雪深传感器的常见故障为数据异常或缺测，首先检查业务软件和采集器的相关参数设置，再检查线缆、传感器、采集器等方面来排除故障。

（1）参数检查

① 确认业务软件参数设置正确；

② 确认主采集器中启用了雪深传感器。

输入 SENST　SD

若返回值为 1，表示开启；

返回值为 0，表示关闭，输入 SENST　SD　1 ⏎，将其打开（SD 为雪深传感器标识符）。

（2）供电检查

测量雪深传感器的供电电压,正常应为 12 V 左右。

（3）线缆检查

① 检查各线缆插头是否牢固,有无脱落或松动。重新接线或拧紧时,注意关闭设备电源。

② 依次测量从传感器到采集器信号线有无短路、断路。

（4）传感器检查

① 将 DSS1 型雪深传感器探头对准附近的物体,查看物体表面是否有红色的激光点生成,若无须检查传感器供电。DSJ1 型雪深传感器正常工作时会发出轻微的响声,据此可判断传感器是否能发出超声波。

② 用串口线将雪深传感器直接与计算机连接,在不键入命令的情况下,传感器应自动输出测量值,若无返回数据或返回数据不正确,则说明传感器故障。

③ DSJ1 型雪深观测仪还要注意检查温度传感器是否工作正常。

（5）采集器检查

WUSH-SD 雪深采集器是 DSS1 型雪深观测仪的核心,并配有专用的嵌入式软件。WUSH-SD 雪深采集器面板接口见图 14.5。

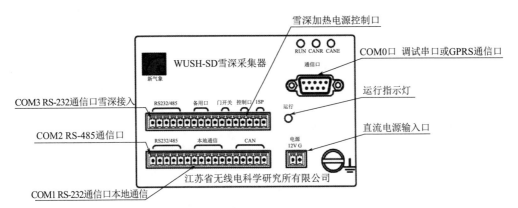

图 14.5　WUSH-SD 雪深采集器面板接口布局图

WUSH-SD 雪深采集器有 RUN 运行指示灯,RUN 指示灯用于指示各种工作状态,见表 14.2。

表 14.2　WUSH-SD 采集器 RUN 指示灯状态

序号	指示灯状态	描述
1	常亮	系统正在启动中。此过程持续时间约为 30 s
2	1/4 秒闪(0.25 s 亮、0.25 s 暗)	应用程序正在启动中。此过程持续时间约为 15 s
3	秒闪(1 s 亮、1 s 暗)	表示应用程序运行正常

HY1100 雪深采集器面板接口见图 14.6。

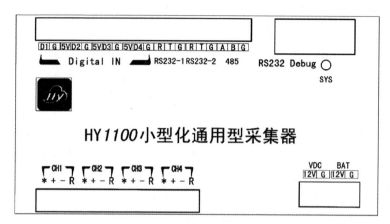

图 14.6　HY1100 雪深采集器面板示意图

HY1100 雪深采集器通道接口定义表见表 14.3。

表 14.3　HY1100 雪深采集器通道接口定义表

通道	功能	接线
Debug	调试串口	DB-9 孔插头
RS232.1	雪深传感器接口	绿——R 白——T 红——12 V 黑——G
RS232.2	数据输出串口	黄——R(采集器接收) 绿——T(采集器发送) 蓝——G(采集器地)
CH1	温度传感器接口	红——＊ 蓝——＋ 黄——－ 绿——R
BAT	采集器供电	红——12 V 黑——G

　　观察雪深采集器面板上的 SYS 指示灯,正常情况下应为常亮,否则说明采集器工作不正常。

　　将计算机和采集器 Debug 接口连接,发送"GMSD ↵"命令,通过查看有无数据返回及返回值是否正确,来判断采集器是否故障。

14.2.5　日常维护

（1）启用雪深观测传感器前,应清理基准面上杂物,平整基准面,检查供电、防雷接地、数据线连接等情况,并进行现场校准。

（2）每日检查设备供电和运行情况,维护场地,保持基准面整洁平整,注意对传感器的波束通路进行清洁。禁止任何物体进入传感器观测区域。

（3）每日检查传感器的外观、运行状态,注意分析判断雪深数据的准确性,如有疑问,应及时进行现场校准测试。

（4）积雪期间,每日检查测雪面,及时清除异物。若测雪面被破坏,应及时将其尽可能恢复至与周围雪面状况相同。

（5）每月定期检查防雷接地情况。

（6）长时间不用时,断开电源线和信号线,清洁探头,并加防护罩。

（7）雪深传感器停用期间,应根据电池使用说明要求,给仪器的蓄电池定期充放电。

（8）在激光雪深传感器工作期间,严禁直视发射窗口和长时间直视测量面上的激光红点。

（9）定期检查更换探头干燥剂,更换时需拆下探头。

14.3　实验作业

（1）积雪深度传感器是如何工作的?

（2）积雪深度传感器需要满足哪些技术要求?

（3）如何安装积雪深度传感器?

（4）积雪深度传感器有哪些常见故障? 应如何检测与维修?

（5）积雪深度传感器的日常维护需要注意什么?

实验 15　总辐射/散射辐射/反射辐射传感器

15.1　实验目的

(1)了解总辐射、散射、反射辐射传感器的工作原理；

(2)了解总辐射、散射、反射辐射传感器的基本参数；

(3)掌握总辐射、散射、反射辐射传感器的安装要求；

(4)学会总辐射、散射、反射辐射传感器常见故障的检测与维修方法；

(5)学会总辐射、散射、反射辐射传感器的日常维护方法。

15.2　实验内容

总辐射是指水平面上,天空 2π 立体角内所接收到的太阳直接辐射和散射辐射,是波长在 $0.29\sim3.0\ \mu m$ 范围内的短波辐射。气象上观测总辐射在单位时间内投射到单位面积上的辐射能,即辐照度,一段时间(如一天)辐照度的总量或称累计量,称为曝辐量。辐照度的单位为瓦/平方米(W/m^2),曝辐量的单位为兆焦耳/平方米(MJ/m^2)。测量总辐射的仪器有热电型总辐射传感器、光电型总辐射传感器等。目前国家级气象辐射观测系统中主要使用的是热电型总辐射传感器。

散射辐射是指太阳辐射经过大气散射或云的反射,从天空 2π 立体角以短波形式向下,到达地面的那部分辐射。

反射辐射是指总辐射到达地面后被下垫面(作用层)向上反射的那部分短波辐射。

散射辐射和反射辐射采用总辐射传感器来测量。

15.2.1　工作原理

总辐射传感器由感应件、玻璃罩和配件组成。其工作原理基于热电效应,感应件由感应面和热电堆组成,感应元件为快速响应的线绕电镀式热电堆,感应面涂无光黑漆。当涂黑的感应面接收辐射增热时,称之为热结点,没有涂黑的一面称之为冷结点,当有太阳光照射时,产生温差电势,输出的电势与接收到的幅照度成正比(图 15.1)。

玻璃罩为半球形双层石英玻璃,能透过波长 $0.27\sim3.2\ \mu m$ 范围的短波辐射,透过率为常数且接近 0.9。采用双层罩是为了减小空气对流和阻止外层罩的红外辐射

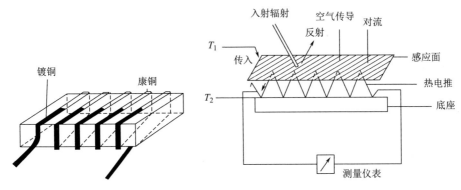

图 15.1　热电型辐射传感器测量原理图

影响,减小测量误差。

用总辐射传感器测量散射辐射时,需要遮挡太阳直接辐射。常见的遮光装置有两种形式:

(1)用太阳跟踪器带动遮光板(或遮光球)跟随太阳运动,使遮光板(或遮光球)的阴影始终落在感应面上。

(2)用一个圆弧形遮光环,环面对着太阳在天球上的视运动轨迹,保证遮光环在任何时刻都遮住太阳的直接辐射不落到感应面上。这种形式对散射辐射的遮挡较多,因此必须进行遮光环系数订正,如:

$$E = K_0 \times (V/K)$$

式中:E 为辐射强度(W/m²);V 为信号电压;K 为灵敏度系数;K_0 为遮光环系数。用总辐射传感器测量反射辐射时,使总辐射传感器的感应面朝下即可。

15.2.2　技术参数

地面自动气象站常用的总辐射传感器技术参数见表 15.1,外形结构见图 15.2~图 15.4。

表 15.1　总辐射传感器技术参数表

型号		TBQ-2. B	CMP6	CMP11	FS-S6
生产厂家		北京华创风云科技有限责任公司	中环天仪(天津)气象有限公司	中环天仪(天津)气象有限公司	江苏省无线电科学研究所有限公司
常用于自动站型号		DZZ5	DZZ6	DZZ5	DZZ4
测量性能	灵敏度	7~14 μV/(W/m²)	5~20 μV/(W/m²)	7~14 μV/(W/m²)	7~14 μV/(W/m²)
	响应时间(95%)	<35 s(99%)	18 s	5 s	18 s
	年稳定性	<±2%	<±1%	<±0.5%	<±1%
	非线性	<±2%	<±1%	<±0.2%	<±1%

型号		TBQ-2.B	CMP6	CMP11	FS-S6
测量性能	倾斜回应	<±5%	<±1%	<±0.2%	<±2%
	余弦响应（太阳高度角10°）	<±7%	—	—	—
	方向误差(在80°角 1000 W/m² 辐照度)	—	<20 W/m²	<10 W/m²	±20 W/m²
	测量角	2π 立体角	180°	180°	180°
	辐照度	0～1400 W/m²	0～2000 W/m²	0～4000 W/m²	0～2000 W/m²
	光谱范围	0.27～3.2 μm	310～2800 nm	310～2800 nm	305～2800 nm
	温度系数	≤±2%(−10～40 ℃)	±4%(−10～+40 ℃)	±1%(−10～+40 ℃)	±4%(−10～+40 ℃)
电气性能	输出信号	模拟电压	模拟电压 0～15mV	模拟电压 0～15 mV	模拟电压
环境适应性	工作温度范围	−40～+80 ℃	−40～+80 ℃	−40～+80 ℃	−40～+80 ℃
物理参数	外形尺寸(mm)	78 mm×84 mm 遮阳罩直径 168 mm	79 mm×92.5 mm 遮阳罩直径 150 mm	79 mm×92.5 mm 遮阳罩直径 150 mm	79 mm×93 mm 遮阳罩直径 150 mm
		感应面高 55 mm	感应面高 68 mm	感应面高 68 mm	感应面高 68 mm
	重量	1.3 kg	0.6 kg	0.6 kg	0.6 kg

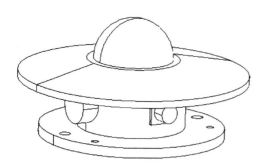

图 15.2　TBQ-2.B型总辐射传感器
外形结构示意图

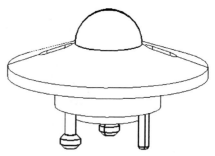

图 15.3　CMP6 与 CMP11 型总辐射传感器
外形结构示意图

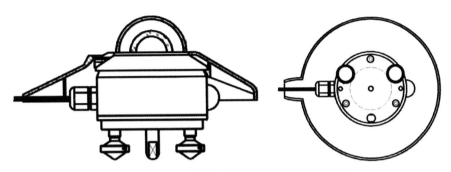

图 15.4　FS-S6 型总辐射传感器外形结构示意图

15.2.3　安装要求

（1）总辐射传感器安装要求

① 安装地点在全年日出和日落的方位角范围内应无障碍物；障碍物不可避免时，应确保在传感器感应面高度角 5°以上无遮挡。

② 感应面距地高度 1.5 ± 0.1 m，感应面应处于水平状态。

③ 传感器接线柱方向应朝北，以避免阳光照射产生感应热电势。

（2）散射辐射传感器安装要求

① 安装地点在全年日出和日落的方位角范围内应无障碍物；障碍物不可避免时，应确保在传感器感应面高度角 5°以上无遮挡。

② 感应面距地高度 1.5 ± 0.1 m，感应面应处于水平状态。

③ 传感器接线柱方向应朝北，以避免阳光照射产生感应热电势。

④ 应采用遮光装置遮挡太阳直接辐射。

（3）反射辐射传感器

① 安装地点的下垫面应保持自然完好状态，传感器视角范围内应无遮挡。

② 感应面距地高度 1.5 ± 0.1 m，感应面应处于水平向下状态。

③ 传感器接线柱方向应朝北，以避免阳光照射产生感应热电势。

④ 应安装遮光挡板避免阳光照射感应元件。

15.2.4　检测与维修

辐射传感器的常见故障为数据异常或缺测，首先检查业务软件和采集器的相关参数设置，再检查线缆、传感器、采集器等方面来排除故障。

（1）参数检查

① 确认业务软件参数设置正确；

② 确认主采集器中启用了总辐射（反射辐射、散射辐射）传感器。

输入 SENST　GR ↵

若返回值为 1,表示开启;

若返回值为 0,表示关闭,输入 SENST　GR　1 ↵,将其启用(GR 为总辐射传感器标识符、SR 为散射辐射传感器标识符、RR 为反射辐射传感器标识符)。

(2)供电检查

测量辐射采集器供电电压,正常应为 DC12V 左右。

(3)线缆检查

检查辐射采集器通道上的端子接线有无错接,接线是否松动,端子是否损坏。

(4)传感器检查

将辐射采集器上的接线端子取下,用数字万用表直流 200mV 档测量"信号+"与"信号-"之间的电压值。

将电压值除以传感器的灵敏度,得出当前的辐照度。如果计算得出的辐照度和实际值基本一致,说明传感器正常。若相差较大,说明传感器故障,需要更换。

(5)辐射采集器检查

若参数、供电、线缆、传感器均正常,应重点检查辐射采集器的通道是否正常。

15.2.5　日常维护

日落后停止观测后,传感器需加盖。若夜间无降水或无其他可能损坏仪器的现象发生,传感器也可不加盖。

开启与盖上金属盖时,应特别小心,要旋转到上下标记点对齐,才能开启或盖上。由于石英玻璃罩贵重且易碎,启盖时动作要轻,不要碰玻璃罩。冬季玻璃罩及其周围如附有水滴或其他凝结物,应擦干后再盖上,以防结冻。金属盖一旦冻住,很难取下时,可用吹风机使冻结物溶化或采用其他方法将盖取下,但都要仔细,以免损坏玻璃罩。

每日上、下午至少各一次对总辐射表进行如下检查和维护:

(1)仪器是否水平,感应面与玻璃罩是否完好等。

(2)仪器是否清洁,玻璃罩如有尘土、霜、雾、雪和雨滴时,应用镜头刷或麂皮及时清除干净,注意不要划伤或磨损玻璃罩。

(3)玻璃罩不能进水,罩内也不应有水汽凝结物。检查干燥器内硅胶是否变潮(由蓝色变成红色或白色),要及时更换受潮的硅胶。受潮的硅胶,可在烘箱内烤干变回蓝色后再使用。

(4)总辐射表防水性能较好,一般短时间或降水较小时可以不加盖。但降大雨(雪、冰雹等)或较长时间的雨雪时,为保护仪器,观测员应根据具体情况及时加盖,雨停后即把盖打开。

(5)如遇强雷暴等恶劣天气时,也要加盖并加强巡视,发现问题及时处理。

15.3　实验作业

(1)总辐射、散射、反射传感器是如何工作的？

(2)总辐射、散射、反射传感器需要满足哪些技术要求？

(3)如何安装总辐射、散射、反射传感器？

(4)总辐射、散射、反射传感器有哪些常见故障？应如何检测与维修？

(5)总辐射、散射、反射传感器的日常维护需要注意什么？

实验 16　直接辐射传感器

16.1　实验目的

(1)了解直接辐射传感器的工作原理；

(2)了解直接辐射传感器的基本参数；

(3)掌握直接辐射传感器的安装要求；

(4)学会直接辐射传感器常见故障的检测与维修方法；

(5)学会直接辐射传感器的日常维护方法。

16.2　实验内容

直接辐射是指垂直于太阳入射光的平面上接收到的直接来自太阳、不包括经大气散射的那部分太阳辐射，是波长在 $0.29 \sim 3.0\ \mu m$ 范围内的短波辐射。气象上观测直接辐射在单位时间内投射到单位面积上的辐射能，即辐照度，以及一段时间（如一天）辐照度的总量或称累计量，称为曝辐量。辐照度的单位为瓦/平方米（W/m^2），曝辐量的单位为兆焦耳/平方米（MJ/m^2）。测量直接辐射的仪器有热电型直接辐射传感器、廻转遮光辐射传感器等。目前地面自动气象站中主要使用的是热电型直接辐射传感器。

16.2.1　工作原理

热电型直接辐射传感器的基本原理与总辐射传感器相同。直接辐射传感器具有一个金属遮光筒，其内壁被涂黑并且有几道光栏以减少内部反射和天空杂散光对感应器件的影响。遮光筒的半开敞角为 $2.5°$，使感应面仅能接收太阳表面（视角约 $0.5°$）的辐射和太阳周围很窄的环形天空的散射辐射。如图 16.1 所示，圆环 1 范围内所发射的辐射可被传感器的整个感应面所接收，称为全辐照域；圆环 3 以外的辐射无法被感应面接收，称为非辐照域；圆环 2 范围内的辐射可被感应面部分接收，称为部分辐照域或半影区。图中 Z_0 表示半开敞角，Z_1 表示斜角，Z_2 表示极限角。

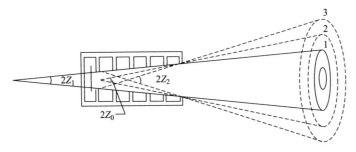

图 16.1　直接辐射传感器工作原理

16.2.2　技术参数

　　地面自动气象站常用的直接辐射传感器技术参数见表 16.1,外形结构见图 16.2～图 16.4。

表 16.1　直接辐射传感器技术参数表

型号		TBS-2-B	CHP1	FS-D1
生产厂家		华创风云	Kipp&Zonen	江苏省无线电科学研究所有限公司
常用于自动站型号		DZZ5/DZZ6	DZZ5	DZZ4
测量性能	灵敏度	$7\sim14\ \mu V/(W/m^2)$	$7\sim14\ \mu V/(W/m^2)$	$7\sim14\ \mu V/(W/m^2)$
	内阻	约 100 Ω	10～100 Ω	10～100 Ω
	响应时间	<25 s(99%)	<5 s(95%)	<18 s(95%)
	年稳定性	<±1%	±0.5%	≤±1%
	非线性($0\sim1000$ W/m²)	—	±0.2%	≤±0.5%
	温度系数	—	<0.5%(−20～+50 ℃)	≤±2%(50 ℃区间)
	光谱范围	0.27～3.2 μm	200～4000 nm	300～3000 nm
	传感器类型	热电堆	热电堆	热电堆
	敞开角	4°	5°±0.2°	5°
电气性能	输出信号	模拟电压	模拟电压 0～15 mV	模拟电压
环境适应性	工作温度范围	−40～70 ℃	−40～+80 ℃	−40～+80 ℃
物理参数	外形尺寸	210 mm×176 mm×20 cm 光筒长度 280 mm 支架高度 56 mm	332 mm×74 mm×76 mm	385.3 mm×66 mm×59 mm
	重量	4.14 kg(含跟踪装置)	0.9 kg(不包含线缆)	1 kg(不包含线缆)

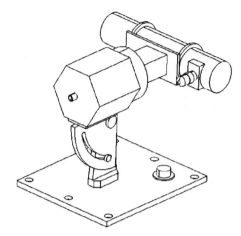

图 16.2　TBS-2-B 型直接辐射传感器外形结构示意图

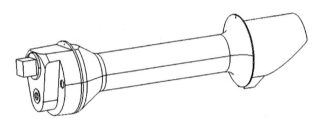

图 16.3　CHP1 型直接辐射传感器外形结构示意图

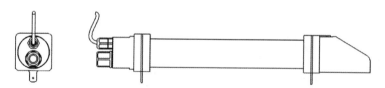

图 16.4　FS-D1 型直接辐射传感器外形结构示意图

16.2.3　安装要求

（1）TBS-2-B 型直接辐射传感器

① 直接辐射表应牢固安装在专用的台柱上。安装时必须对准南北向、纬度，调整仪器水平及观测时的赤纬和时间。

② 仪器安装好后，转动进光筒对准太阳，使光点恰好落在瓷盘黑点中央。

③ 直接辐射表安装好后应试跟踪太阳一段时间，检查其是否准确。

（2）CHP1、FS-D1 型直接辐射传感器

① 直接辐射传感器固定在太阳跟踪器侧面的安装架上。

② 调整安装架上的固定螺丝与倾角螺丝,使直接辐射传感器与太阳跟踪器的太阳传感器光筒平行。

16.2.4　检测与维修

直接辐射传感器的常见故障为数据异常或缺测,首先检查业务软件和采集器的相关参数设置,再检查线缆、传感器、采集器等方面来排除故障。

(1)辐射采集器对准检查

检查直接辐射采集器的光筒上的光点是否落在标记点上。如未对准,需调整(或重新启动)跟踪装置,使直接辐射传感器对准太阳,对准操作仅可在晴天进行。

(2)参数检查

① 确认业务软件参数设置正确;

② 确认主采集器中启用了直接辐射传感器。

输入 SENST　DR ⏎

若返回值为 1,表示开启;

若返回值为 0,表示关闭,输入 SENST　DR　1 ⏎ ,将其启用(DR 为直接辐射传感器标识符)。

(3)供电检查

测量辐射采集器供电电压,正常应为 DC12 V 左右。

(4)线缆检查

检查辐射采集器通道上的端子接线有无错接,接线是否松动,端子是否损坏。

(5)传感器检查

将辐射采集器上的接线端子取下,用数字万用表直流 200 mV 档测量"信号＋"与"信号－"之间的电压值。

将电压值除以传感器的灵敏度,得出当前的辐照度。如果计算得出的辐照度和实际值基本一致,说明传感器正常。若相差较大,说明传感器故障,需要更换。

16.2.5　日常维护

(1)每天工作开始时,应检查进光筒石英玻璃窗是否清洁,如有灰尘、水汽凝结物,应即时用软布擦净,切勿改变进光筒位置。

(2)每天上午、下午各检查一次仪器跟踪情况(对光点),遇到特殊天气要经常检查。如有较大降水、雷暴等恶劣天气不能观测时,要及时加罩,并关掉电源。

(3)转动进光筒对太阳时一定要按操作规程进行,绝不能用力过大,否则易损坏电机。

(4)直接辐射表每月检查的内容与总辐射表基本相同,除检查感应面、进光筒内是否进水、接线柱和导线的连接状况外,还应重点检查仪器安装与跟踪太阳是否正确。

（5）为保持光筒中空气干燥，应定期（6 个月左右）更换一次干燥剂，更换时旋开光筒尾部的干燥剂筒即可。

16.3　实验作业

（1）直接辐射传感器是如何工作的？

（2）直接辐射传感器需要满足哪些技术要求？

（3）如何安装直接辐射传感器？

（4）直接辐射传感器有哪些常见故障？应如何检测与维修？

（5）直接辐射传感器的日常维护需要注意什么？

实验 17　净全辐射传感器

17.1　实验目的

(1) 了解净全辐射传感器的工作原理；

(2) 了解净全辐射传感器的基本参数；

(3) 掌握净全辐射传感器的安装要求；

(4) 学会净全辐射传感器常见故障的检测与维修方法；

(5) 学会净全辐射传感器的日常维护方法。

17.2　实验内容

净全辐射是太阳与大气向下发射的全辐射和地面向上发射的全辐射之差值，也称为净辐射或辐射差额。全辐射是指波长在 $0.29 \sim 100\ \mu\mathrm{m}$ 范围内的短波辐射和长波辐射。气象上观测全辐射在单位时间内投射到单位面积上的辐射能，即辐照度，以及一段时间(如一天)辐照度的总量或称累计量，称为曝辐量。辐照度的单位为瓦/平方米($\mathrm{W/m^2}$)，曝辐量的单位为兆焦耳/平方米($\mathrm{MJ/m^2}$)。测量净全辐射的仪器有净全辐射传感器、四分量辐射传感器等。

17.2.1　工作原理

净全辐射传感器的基本原理与总辐射传感器相同，但是它的感应元件有上感应面和下感应面。上感应面接收向下的全辐射，下感应面接收向上的全辐射，使热电堆产生正比于净全辐射辐照度的温差电动势。为防止风的影响和保护感应面，净全辐射传感器的上下感应面各有一个对短波辐射和长波辐射透过性好的薄膜罩。净全辐射传感器的感应面对长波辐射和短波辐射的灵敏度不容易做到非常一致，因此有些净全辐射传感器要求在白天采用全波段灵敏度，夜间采用长波灵敏度。

四分量辐射传感器的工作原理是将总辐射传感器、反射辐射传感器、大气长波辐射传感器、地面长波辐射传感器组成一个整体，分别测量向下和向上的短波辐射、长波辐射，将 4 个传感器的灵敏度调节至相同，然后将 4 个输出串(并)联在一起，得到与净全辐射成正比的电动势。也可以分别测量四个辐射成分后根据净全辐射的定义

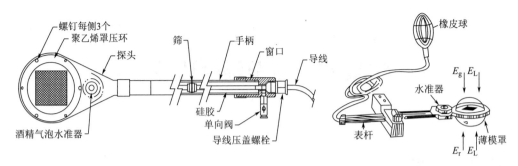

图 17.1　净全辐射传感器

计算得到净全辐射,如下式:

$$E^* = E_g \downarrow + E_L \downarrow - E_r \uparrow - E_L \uparrow$$

式中:E^* 为净全辐射;$E_g \downarrow$ 为总辐射;$E_L \downarrow$ 为大气长波辐射;$E_r \uparrow$ 为反射辐射;$E_L \uparrow$ 为地面长波辐射。

17.2.2　技术参数

地面自动气象站常用的净辐射传感器技术参数见表 17.1,外形结构见图 17.2~图 17.4。

表 17.1　净辐射传感器技术参数表

型号		FNP-2	NR-Lite	FS-J1 型
生产厂家		华创风云	Kipp&Zonen	江苏省无线电科学研究所有限公司
常用于自动站型号		DZZ5	DZZ5	DZZ4
测量性能	灵敏度	$7 \sim 14 \ \mu V/(W/m^2)$	$10 \ \mu V/(W/m^2)$	$7 \sim 14 \ \mu V/(W/m^2)$(短波) $5 \sim 10 \ \mu V/(W/m^2)$(长波)
	响应时间	<60 s	<60 s	<18 s
	光谱范围	200 nm~100 μm	200 nm~100 μm	305~2800 nm(短波) 4.5~50 μm(长波)
	传感器类型	热电堆	热电偶	热电
电气性能	输出信号	模拟电压	模拟电压	模拟电压
环境适应性	工作温度范围	−40~70 ℃	−40~80 ℃	−40~80 ℃
物理参数	尺寸	长 307 mm 直径 120 mm	长 880 mm 直径 80 mm	263 mm×113 mm×121 mm
	重量	860 g	490 g	约 1300 g

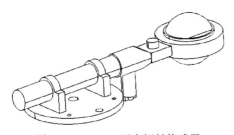

图 17.2　FNP-2 型净辐射传感器
外形结构示意图

图 17.3　NR-Lite 型净辐射传感器
外形结构示意图

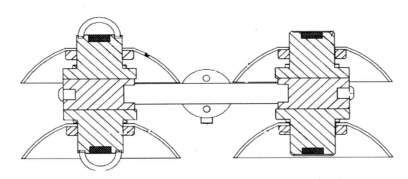

图 17.4　FS-J1 型净全辐射传感器外形结构示意图

17.2.3　安装要求

(1)安装地点在全年日出和日落的方位角范围内应无障碍物;障碍物不可避免时,应确保在传感器视角范围内无遮挡。

(2)安装地点的下垫面应保持自然完好状态。

(3)感应面距地高度 1.5±0.1m,感应面应处于水平状态。

(4)传感器接线柱方向应朝北,以避免阳光照射产生感应热电势。

17.2.4　检测与维修

净全辐射传感器的常见故障为数据异常或缺测,首先检查业务软件和采集器的相关参数设置,再检查线缆、传感器、采集器等方面来排除故障。

(1)参数检查

① 确认业务软件参数设置正确;

② 确认主采集器中启用了直接辐射传感器。

输入 SENST　NR ⏎

若返回值为 1,表示开启;

若返回值为 0,表示关闭,输入 SENST　NR　1　↵,将其启用(NR 为净全辐射传感器标识符)。

(2)供电检查

测量辐射采集器供电电压,正常应为 DC12 V 左右。

(3)线缆检查

检查辐射采集器通道上的端子接线有无错接,接线是否松动,端子是否损坏。

(4)传感器检查

将辐射采集器上的接线端子取下,用数字万用表直流 200 mV 档测量"信号+"与"信号-"之间的电压值。

将电压值除以传感器的灵敏度,得出当前的辐照度。净全辐射传感器灵敏度有昼夜之分,选取时需留意。如果计算得出的辐照度和实际值基本一致,说明传感器正常。若相差较大,说明传感器故障,需要更换。

(5)辐射采集器检查

若参数、供电、线缆、传感器均正常,应重点检查辐射采集器的通道是否正常。

17.2.5　日常维护

(1)每日上、下午至少各检查一次仪器状态外,夜间还应增加一次检查。

(2)检查传感器感应面是否水平。

(3)薄膜罩是否清洁和呈半球凸起。罩外部如有水滴,应用脱脂棉轻轻抹去,若有尘埃、积雪等,可用橡皮球打气,使罩凸起并排除湿气。

(4)遇有雨、雪、冰雹等天气时,应将上下金属盖盖上,加盖条件同总辐射表,稍大的金属盖在上面,以防雨水流入下盖内。降大雨时应另加防雨装置。降水停止后,要及时开启。

(5)干燥剂要及时更换以避免失效。

(6)注意保持下垫面的自然和完好状态。平时不要乱踩草面,降雪时要尽量保持积雪的自然状态。

17.3　实验作业

(1)净全辐射传感器是如何工作的?

(2)净全辐射传感器需要满足哪些技术要求?

(3)如何安装净全辐射传感器?

(4)净全辐射传感器有哪些常见故障?应如何检测与维修?

(5)净全辐射传感器的日常维护需要注意什么?

实验 18　长波辐射传感器

18.1　实验目的

(1)了解长波辐射传感器的工作原理；

(2)了解长波辐射传感器的基本参数；

(3)掌握长波辐射传感器的安装要求；

(4)学会长波辐射传感器常见故障的检测与维修方法；

(5)学会长波辐射传感器的日常维护方法。

18.2　实验内容

　　长波辐射是地球表面、大气、气溶胶和云层所发射的波长范围为 $3\sim100~\mu\mathrm{m}$ 的辐射。气象观测中观测大气长波辐射和地面长波辐射。大气长波辐射是大气以长波形式向下发射的那部分辐射，又称大气逆辐射；地面长波辐射是地球表面以长波形式向上发射的辐射(包括地面长波反射辐射)。气象上观测长波辐射在单位时间内投射到单位面积上的辐射能，即辐照度，以及一段时间(如一天)辐照度的总量或称累计量，称为曝辐量。辐照度的单位为瓦/平方米($\mathrm{W/m^2}$)，曝辐量的单位为兆焦耳/平方米($\mathrm{MJ/m^2}$)。测量长波辐射的仪器为长波辐射传感器。

18.2.1　工作原理

　　长波辐射传感器的基本工作原理和热电型总辐射传感器相同，但是它的玻璃罩采用截止短波、通过长波的硅罩(图 18.1)。由于传感器的感应面自身也在向外发射长波辐射，因此其热电堆输出的电动势将正比于感应面接收的长波辐射辐照度(长波入射辐照度)以及向外发射的长波辐射辐照度(长波出射辐照度)之差。为补偿长波辐射的发射损失，通过一只测温元件测量感应面温度(腔体温度)，根据下式计算长波出射辐照度：

$$E\uparrow=\sigma T_b^4,$$

式中：$E\uparrow$ 为长波出射辐照度；σ 为斯忒藩-玻耳兹曼常数，$5.6697\times10^8\mathrm{W\cdot m^{-2}\cdot K^{-4}}$；$T_b$ 为仪器腔体绝对温度。

根据下式计算被测长波辐射辐照度：

$$E\!\downarrow = E*+E\!\uparrow$$

式中：$E\!\downarrow$为被测长波辐射辐照度；$E*$为根据电动势和灵敏度计算的长波辐射辐照度；$E\!\uparrow$为长波出射辐照度。

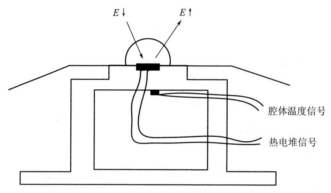

图 18.1　长波辐射传感器工作原理

测量大气长波辐射时，长波辐射传感器的感应面向上安装；测量地面长波辐射时，感应面向下安装即可。

18.2.2　技术参数

地面自动气象站常用的长波辐射传感器技术参数见表 18.1，外形结构见图 18.2。

表 18.1　长波辐射传感器技术参数表

型号		FS-T1
生产厂家		江苏省无线电科学研究所有限公司
常用于自动站型号		DZZ4
测量性能	灵敏度	$7\sim14\ \mu V/(W/m^2)$
	响应时间(95%)	$<30\ s$
	年稳定性	$<\pm3\%$
	非线性	$<\pm1\%$
	倾斜响应	$<\pm1\%$
	辐照度	$0\sim2000\ W/m^2$
	光谱范围	$4500\sim42000\ nm$
	温度系数	$\pm1\%(-20\sim25℃)$
	温度传感器	Pt100 或 NTC10K

续表

型号		FS-T1
电气性能	输出信号	模拟电压 0～30 mV
环境适应性	工作温度范围	−40～80 ℃
物理参数	外形尺寸	78 mm×46 mm
	传感器高度	46 mm
	重量	250 g

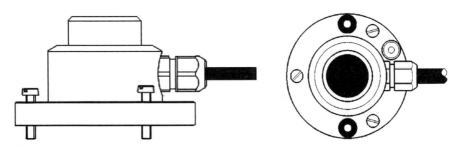

图 18.2　FS-T1 型长波辐射传感器外形结构示意图

18.2.3　安装要求

（1）大气长波辐射传感器安装要求

① 安装地点在全年日出和日落的方位角范围内应无障碍物；障碍物不可避免时，应确保在传感器感应面高度角 5°以上无遮挡。

② 感应面距地高度 1.5±0.1 m，感应面应处于水平状态。

③ 应采用遮光装置遮挡太阳直接辐射。

④ 传感器接线柱方向应朝北，以避免阳光照射产生感应热电势。

（2）地面长波辐射传感器

① 安装地点的下垫面应保持自然完好状态，传感器视角范围内应无遮挡。

② 感应面距地高度 1.5±0.1 m，感应面应处于水平向下状态。

③ 传感器接线柱方向应朝北，以避免阳光照射产生感应热电势。

④ 应安装遮光挡板避免阳光照射感应元件。

18.2.4　检测与维修

长波辐射传感器的常见故障为数据异常或缺测，首先检查业务软件和采集器的相关参数设置，再检查线缆、传感器、采集器等方面来排除故障。

(1)参数检查

① 确认业务软件参数设置正确;

② 确认主采集器中启用了大气长波辐射、地面长波辐射传感器。

输入 SENST　AR ↵

若返回值为 1,表示开启;

若返回值为 0,表示关闭,输入 SENST　AR　1 ↵,将其启用(AR 为大气长波辐射传感器标识符、TR 为地面长波辐射传感器标识符)。

(2)供电检查

测量辐射采集器供电电压,正常应为 DC12 V 左右。

(3)线缆检查

检查辐射采集器通道上的端子接线有无错接,接线是否松动,端子是否损坏。

(4)传感器检查

将辐射采集器上的接线端子取下,用数字万用表直流 200 mV 档测量"信号＋"与"信号－"之间的电压值。

将电压值除以传感器的灵敏度,得出当前的辐照度。如果计算得出的辐照度和实际值基本一致,说明传感器正常。若相差较大,说明传感器故障,需要更换。

(5)辐射采集器检查

若参数、供电、线缆、传感器均正常,应重点检查辐射采集器的通道是否正常。

18.2.5　日常维护

每日上、下午至少各一次对长波辐射表进行如下检查和维护:

(1)仪器是否水平,入射窗口是否完好。

(2)仪器是否清洁,入射窗口如有尘土、霜、雾、雪和雨滴时,应用镜头刷或麂皮及时清除干净,注意不要划伤或磨损感应面。

18.3　实验作业

(1)长波辐射传感器是如何工作的?

(2)长波辐射传感器需要满足哪些技术要求?

(3)如何安装长波辐射传感器?

(4)长波辐射传感器有哪些常见故障? 应如何检测与维修?

(5)长波辐射传感器的日常维护需要注意什么?